水文与水资源管理

王文亮　王晓燕　崔姣利　著

北京工业大学出版社

图书在版编目（CIP）数据

水文与水资源管理 / 王文亮，王晓燕，崔姣利著 . —
北京：北京工业大学出版社，2022.3
　ISBN 978-7-5639-8275-2

　Ⅰ．①水… Ⅱ．①王… ②王… ③崔… Ⅲ．①水文学
②水资源管理 Ⅳ．①P33 ②TV213.4

中国版本图书馆 CIP 数据核字（2022）第 058425 号

水文与水资源管理

SHUIWEN YU SHUIZIYUAN GUANLI

著　　者：	王文亮　王晓燕　崔姣利
责任编辑：	刘　蕊
封面设计：	知更壹点
出版发行：	北京工业大学出版社
	（北京市朝阳区平乐园 100 号　邮编：100124）
	010-67391722（传真）　bgdcbs@sina.com
经销单位：	全国各地新华书店
承印单位：	唐山市铭诚印刷有限公司
开　　本：	710 毫米 ×1000 毫米　1/16
印　　张：	11.25
字　　数：	225 千字
版　　次：	2023 年 4 月第 1 版
印　　次：	2023 年 4 月第 1 次印刷
标准书号：	ISBN 978-7-5639-8275-2
定　　价：	50.00 元

作 者 简 介

　　王文亮，河北省张家口水文勘测研究中心水情科科长，高级工程师，研究方向：水文水资源。

　　王晓燕，河北省张家口水文勘测研究中心，高级工程师。

　　崔姣利，河北省张家口水文勘测研究中心，工程师，研究方向：水文水资源、水质化验。

前　言

　　水资源是生态－社会－经济系统的核心要素，是基础性自然资源和战略性经济资源。随着全球经济的发展和人口的迅速增长，人类对水资源的需求也在急剧增加，水资源问题已引发了一系列的社会经济问题。因此，水资源已成为全球可持续发展的重要基础。水资源学作为研究地球上人类可利用水资源的科学，在未来全球可持续发展研究中将发挥越来越重要的作用。

　　水文学主要研究水文循环运动中，从降水到径流入海的全过程，包括河川径流的基本概念、地面径流的运动规律、河川水文要素测量方法及在工程上的应用等问题。在水文分析中，常用数理统计的基本原理推求河川径流的年际变化与年内分配，进行枯水径流与洪水径流的调查分析与计算，整理降雨资料与暴雨公式，计算小流域暴雨洪水的流量和归纳城市降雨径流的特点。

　　水资源学是对水资源进行勘察、评价、开发、利用、规划、管理与保护的知识体系，是指导水资源业务的理论基础，其目的是探求水资源在自然资源体系中的位置、作用及与其他自然资源间的相互关系，揭示水资源的形成、演化与运动机理及在时空上的变化规律，研究在人类各项活动中，特别是人类开发利用水资源过程中引起的环境变化及其对水资源自然规律的影响，探求在变化的环境中如何保持对水资源的可持续开发利用及其科学途径等。

　　本书共七章。第一章为水文学概论，主要包括水文学简介、水文循环和水量平衡三部分内容；第二章为水资源问题与影响因素，主要包括水资源问题概述、水资源载体演进与嬗变机理、水资源问题的影响因素三部分内容；第三章为水资源管理概论，主要包括水资源管理的内涵与范畴、水资源管理的目标与原则、水资源管理的内容与方法、水资源管理的理论基础四部分内容；第四章为水资源管理的发展过程，主要包括原始文明阶段的水资源管理、农业文明阶段的水资源管理、工业文明阶段的水资源管理、生态文明阶段的水资源管理四部分内容；第五章为水资源管理制度，主要包括水资源管理制度概述、水资源规划、取水许可制度、水资源有偿使用制度四部分内容；第六章为水资源管理的法律法规，主要包括法律概述、水资源管理法律法规的产生与发展两部分内容；第七章为我国水资源管理工作的难点与展望，主要包括我国水资源管理工作的难点及解决策略和我国水资源管理工作的展望两部分内容。

作者在撰写本书的过程中参考了大量专著和文献，在此向这些专著的作者、编者和出版社以及为这本书提出宝贵意见的领导、专家致以衷心的感谢！

由于成书仓促和水平有限，书中难免有不足之处，敬请批评指正。

目　　录

第一章　水文学概论

第一节　水文学简介

一、水文学的研究对象

水文学是一门研究水在自然界运行变化规律的科学。工程水文学是水文学的一个分支，是为工程规划设计、施工建设及运行管理提供水文依据的一门科学。

自然界中水的运行变化形态概括有以下几种。

①降水，包括空气中气态水遇冷凝结成液态和固态的雨、雪、雹、霰等降落于大陆或海洋。

②蒸发，由大陆或海洋上的液态水或固态水转化为气态水的过程。

③下渗（又称入渗），地表水在重力作用下进入土壤或岩层中的过程。

④径流，按流动方式可分为地表径流和地下径流，沿地表流动的水流称为地表径流，在地下土壤或岩石裂缝中流动的水流称为地下径流；沿河川流动的水流称为河川径流，它一般可分为地表径流、地下径流和壤中流（表层流）三种形式。

降水、蒸发、下渗和径流都是交通工程、环境工程及水利工程等的研究对象。

二、水文学的分类

根据研究对象及研究任务的侧重情况，水文学有多个分支。广义的水文学可分为水文气象学、水文地质学和地表水文学三大类。地表水文学又分为陆地水文学与海洋水文学。其中陆地水文学又包括以下几种。

①水文测量学，主要研究水文资料的收集、测量、成果整编方法以及水文测站站网的布设等。

②水文地理学，主要根据水文特征值和自然地理因素之间的相互关系，研究水文现象的地区性分布与变化规律。

③普通水文学，主要研究自然界中各种水体的水文特征值的基本变化规律及彼此间相互依存的一般性问题。

④工程水文学，主要研究工程规划设计所需要的水文测量以及水文水力计算的原理与方法，并预估工程在运用期间所面临的水文情势。它是将水文学理论应用于环境工程、土木工程、水利工程等各种工程建设的一门学科，是为环境工程、土木工程、水利工程等的规划、设计、施工、管理提供服务的。

三、水文学的发展历史

水文学是随着社会经济发展和水利工程建设的需要，从萌芽到成熟、从经验到理论逐步发展起来的。今后的发展仍将遵循这一规律。水文学的发展，大体可分为萌芽时期、奠基时期、应用水文学的形成时期、现代水文学时期等四个阶段。

（一）萌芽时期（公元 1400 年以前）

这一时期我国的水文理论居于世界领先地位，如公元前 239 年成书的《吕氏春秋》最先提出水循环的概念；2000 多年前建成的都江堰，至今仍在发挥巨大作用；又如公元 527 年成书的《水经注》，是领先欧洲 1000 多年的水文地理巨著。

（二）奠基时期（公元 1400—1900 年）

这一时期，西欧的产业革命促进了水利事业的发展，在水文观测方面，发明创造了雨量器、蒸发器、流速仪等，系统的水文测量为水文定量计算及预报奠定了坚实基础。

（三）应用水文学的形成时期（公元 1900—1950 年）

进入 20 世纪，水利水电建设的蓬勃发展，使应用水文学迅速发展起来。1900 年美国的塞登提出著名的塞登定律，1924 年福斯特完整地提出了 P－Ⅲ 频率曲线水文分析方法，1932 年谢尔曼提出单位线法，1935 年麦卡锡建立了马斯京根河道洪水演算法等，象征着应用水文学的形成。而这一时期我国的水文学则比较落后。

（四）现代水文学时期（公元 1950 年后）

随着计算机、3S 系统等高新技术的应用，水文学的发展进入了一个新时代。流域数学模型、水资源学、水环境学、随机水文学等相继建立，为水文学理论奠定了坚实的基础，使其研究方法逐渐理论化和系统化。

四、水文现象的特点与研究方法

（一）水文现象的特点

唯物辩证法认为，世界上的事物和现象不仅普遍具有内在联系，而且经常处于不断运动变化之中，水文现象也不例外。根据对立统一规律，水文现象的基本特点可以归纳为周期性与随机性、相似性与特殊性两个方面。

1. 周期性与随机性

水义现象的时程变化存在着周期性与随机性的对立统一。任何一条河流的水文现象都有一个以年为单位的周期性变化。例如，每年河流最大和最小流量的出现虽无具体固定的时日，但最大流量每年都发生在多雨的汛期，而最小流量多出现在雨雪稀少的枯水期，这是由于四季的交替变化是影响河川径流的主要气候因素。又如，靠冰川或融雪补给的河流，因气温具有年变化的周期，所以随气温变化而变化的河川径流也具有年周期性，其年最大冰川融水径流一般出现在气温最高的七、八月间。

另外，河流某一年的流量变化过程，实际上不会和其他年份完全一样，每年的最大与最小流量的具体数值也各不相同，这些水文现象的发生具有随机性，即带有偶然性。因为影响河川径流的因素极为复杂，各因素本身也在不断地发生着变化，在不同年份的不同时期，各因素之间的组合也不完全相同，因而受其制约的水文现象表现出随机性特征。

水文现象的随机性特征是受时空分布多变因素影响的结果，其周期性特征是受气候因素影响的结果，而气候因素又受到地球自转、公转以及其他天体的制约，因而具有年、季、月及多年的周期性变化的规律，即周期性（重现性）。

2. 相似性与特殊性

如果不同流域所处的地理位置相近，气候因素与地理条件也相似，那么由它们综合影响而产生的水文现象在一定范围内也具有相似性，其在地区的分布也有一定的规律性。例如，湿润地区的河流，其水量丰富，年内分配也比较均匀，而干旱地区的大多数河流则水量不足，年内分配也不均匀；降水量和径流量南方大、北方小，沿海大、内陆小，山区大、平原小。又如，同一地区的不同河流，其汛期与枯水期都十分相近，径流变化过程也都十分相似。水文现象的相似性是缺乏实测资料地区移用相似地区实测资料的理论依据，利用这种相似性移用资料的方法也被称为水文比拟法。

另外，相邻流域所处的地理位置与气候因素虽然相似，但由于地形、地质等条件的差异，会产生不同的水文变化规律。例如，在同一地区，山区河流的洪水运动规律与平原河流的就不相同；沿海与内陆河流，地下径流丰富的河流与地下径流贫乏的河流，其径流变化规律也不相同。一些经验性的分析结果往往有一定的地域局限性。这就是与相似性对立的特殊性。

由于水文现象具有时间上的随机性和地区上的特殊性，故需要对各个不同流域的各种水文现象进行年复一年的长期观测，积累资料，统计计算，分析其变化规律。又由于水文现象具有地区上的相似性，故只需有目的地选择一些有代表性的河流设立水文站进行观测，将其成果移用于相似地区即可。为了弥补观测年限的不足，还应对历史上和近期发生过的大暴雨、大洪水及特枯水情等进行调查研究，以便全面了解和分析水文现象随机性、特殊性的变化规律。

（二）水文现象的研究方法

由上述水文现象的基本特点可知，对水文现象的分析研究，都要以实际观测资料为依据。按不同目的要求，可把水文学常用的研究方法归结为成因分析法、数理统计法和地理综合法三类。

在解决实际问题时，以上三类方法常常同时使用，它们是相辅相成、互为补充的。经过多年实践，我国已初步形成一种具有自己特点的研究方法，可概括为"多种方法、综合分析、合理选定"。在使用时，应根据工程所在地的地区特点，以及可能收集到的资料情况，对采用的方法有所侧重，以便为工程规划设计提供可靠的水文依据。

1.成因分析法

利用水文现象的确定性规律解决水文问题的方法，称为成因分析法。当某种水文现象与其影响因素之间确定性关系较为明确时，可通过观测水文站资料（水位、流量等资料）和室内实验数据，从物理成因出发，建立水文现象与影响因素之间的定量关系，研究水文现象的形成过程，以阐明水文现象的本质，从而求出比较确切的成果，如由暴雨资料推求洪峰流量的公式。但由于影响水文现象的因素极其复杂，其形成机理还不完全清楚，因而成因分析法在定量方面仍然存在着很大困难，目前尚不能满足工程设计的需要。

2. 数理统计法

数理统计法就是根据水文现象具有的随机特性，以概率论为基础，运用数理统计方法，处理长期实测所获得的水文资料，求得水文现象特征值的统计规律，为工程规划、设计提供所需的水文数据。在水文分析与计算中，数理统计法是最常用的方法，也称为水文统计法。这种方法是根据过去与现在的实测资料来推算未来的变化的，但它未阐明水文现象的因果关系。若将数理统计法与成因分析法结合起来运用，则有望获得较满意的成果。

数理统计法着眼于"实验"或"观测"。例如，在分析水文现象（水位、流量、降水量等）的发生规律时，就需要大量的观测资料，把每一次的观测资料都看作一次实验，在观测中所得的数值就是实验的结果。水文现象在大量的实验资料中能体现出具体的统计规律性，这使它成为水文分析与计算的理论依据。因此，在水文分析与计算中，需要以大量的实测资料作为依据，对水文现象观测的年代越长，收集的资料越多，分析计算的水文结果也就越可靠。

3. 地理综合法

因气候、地形、地质等因素的分布具有地区特征，某些水文现象及水文特征值变化在地区的分布上也呈现出一定的规律性。可以用等值线图的方式将水文特征值的地区变化反映出来，或建立地区性的经验公式，也可与地图结合在一起绘制水文特征的等值线等，以分析水文现象的地区特性，解决水文现象的地区分布规律。在水文分析与计算中，可用此类等值线图或经验公式推求观测资料短缺地区的水文特征值，此方法即地理综合法。

五、水文学的基础知识

（一）河流

河流是由一定区域内的地面水和地下水补给，经常（或周期性）地沿着连续延伸的凹地流动的水体。

地球上无数条河流在日夜不停地奔流，河水涨落、河床冲淤等变化与人类生活和生产建设都有密切关系。修建公路和铁路，要跨越河流和沟渠，就需要架设桥梁和涵洞，以便通过车辆和宣泄洪水。桥梁是跨河的泄水建筑物，必须根据河流的洪水情况及河床的冲淤变形等进行设计。

河流是水文循环的一条主要途径。降水落到地面，除了下渗、蒸发等损失外，其余水流都以径流的形式注入河流。

河流流经的谷地称为河谷，河谷底部有水流的部分称为河床或河槽。面向下游，左边的河岸称为左岸，右边的河岸称为右岸。

河水携带着能量，冲刷河床，且搬运泥沙，改变着河谷的面貌。河水流经地区的地理特征也影响着径流的形成与变化。要想了解河流，首先要掌握河流的特征及河流与径流等水文现象之间的关系，使水文分析与计算更能符合河流的实际情况。

1. 河流的分段

一条发育完整的河流沿水流方向自高向低可分为河源、上游、中游、下游和河口五段。河源是河流的发源地，多为泉水、溪涧、冰川、湖泊或沼泽等。上游紧接河源，多处于深山峡谷中，其特征是坡陡、流急、河谷下切强烈，常有急滩瀑布，河谷断面多呈 V 字形。中游是上游以下的河流中段，其特征是河段坡度渐缓、河槽变宽、河床冲淤接近平衡、两岸逐渐开阔、河床稳定、水量增加、河谷断面多呈 U 字形。下游是河流的最下段，一般处于平原区，河槽宽阔。河口是河流的终点，即河流注入海洋或内陆湖泊的地方。消失在沙漠之中的河流则没有河口。由于河口处的水流断面突然扩大，水流速度骤减，河水挟带的泥沙就大量沉积在这里，形成沙洲或河口三角洲。

自河流的河源沿主河道至河口的距离称为河流长度，简称河长，以千米计。河长可在适当比例尺的地形图上量得。

2. 河系

由河流的干流、支流、溪涧和湖泊等构成的脉络相连的系统，称为河系、水系或河网。按照几何形态，河系可以分为以下四种。

①扇形河系：河系呈手指状分布。

②羽形河系：干流沿途纳入许多支流，河系形如羽毛。

③平行河系：几条支流并行排列，在河口附近才汇入干流。

④混合型河系：包括以上两种或两种以上形式的河系。大河河系往往为混合型河系。

在河系中，直接汇集水流注入海洋或湖泊的称为干流，汇入干流的称为一级支流，汇入一级支流的称为二级支流，以此类推。

水系通常以干流名称命名，如长江水系、黄河水系等，但也有用地理区域或把同一地理区域内河性相近的几条河作为综合命名的，例如，湖南省境内的湘、资、沅、澧四条河流共同注入洞庭湖，被称为洞庭湖水系。

（二）流域

河流的地面和地下的集水区域，称为流域。流域包括闭合流域和非闭合流域。

1. 闭合流域与非闭合流域

流域的周界称为流域的分水线或分水岭。地面上，流域的分水线就是流域四周地面最高点的连线，通常为流域四周山脉的脊线，可根据地形图勾绘出，如我国的秦岭是长江流域和黄河流域的分水线。有些多沙河流，由于河床严重淤积，成为地上河，河床高于两岸的地面，河床本身成为不同流域的分水岭。如黄河下游，河道北岸属海河流域，河道南岸属淮河流域，黄河河床成为海河流域与淮河流域的分水线。

流域中的水包括地面水和地下水，地下水也具有分水线。如果地面分水线与地下分水线在平面位置上重合，则称流域为闭合流域。由于有时受流域上的水文地质条件和河床下切等地貌特征的影响，流域的地面水分水线与地下水分水线常在平面位置上不重合，此时称流域为非闭合流域。

大自然中很少有严格的闭合流域。但对于流域面积较大、河床下切较深的流域，因其地下分水线与地面分水线不一致所引起的水量误差相对较小，一般可视为闭合流域。对于小流域，或者流域内有岩溶的石灰岩地区，有时交换水量占流域总水量的比重相当大，若把地面集水区看作流域，会造成很大的误差。此时必须通过水文地质调查及枯水调查、泉水调查等来确定地面及地下集水区的范围，估算相邻流域水量交换的大小。

2. 流域的几何特征

（1）流域面积

流域分水线包围区域的平面投影面积，称为流域面积，单位是 km^2。我们可在适当比例尺的地形图上勾绘出流域分水线，可在地形图上用求积仪量出流域面积。流域面积越大时径流量就越大，但降水分布则不易均匀。

（2）流域的长度和宽度

流域长度是指从流域出口到流域最远点的轴线长度，可在地形图上以流域出口为中心作若干个同心圆，在同心圆与流域分水线相交处绘出许多割线，各割线中点连线的长度即为流域长度，单位是 km。

流域面积与流域长度之比称为流域平均宽度。

（3）流域形状系数

流域形状系数是流域平均宽度与流域长度之比。

（4）流域平均高程与平均坡度

流域平均高程与平均坡度可用格点法计算。可将流域的地形图划分成100个以上的正方格，依次定出每个方格交叉点上的高程及与等高线正交方向的坡度，这些格点高程和坡度的平均值，即为流域平均高程和平均坡度。

3. 流域的自然地理特征

流域的自然地理特征包括流域的地理位置、气候特征、下垫面条件等。

（1）流域的地理位置

流域的地理位置是指流域中心及周界的位置。流域的地理位置一般以经、纬度来表示。在一般情况下，相近的流域，其自然地理及水文条件是比较相似的。例如，两流域在东西向延展较长，则纬度相近，其气候、水文、植被等条件亦多相似。

（2）流域的气候特征

流域的气候特征包括降水、蒸发、湿度、气温、气压、风等要素。气候条件在广大地区有它的成因一致性，因此反映在降水、蒸发等水文情况上亦有一定的相似性。

（3）流域的下垫面条件

下垫面条件包括流域的地形、土壤和岩石特性、地质构造、植被、湖泊及沼泽情况等，都是与流域水文特性密切相关的因素。其中岩土组成的颗粒大小、组成结构、透水性、断层、节理及裂缝情况对流域中的径流量大小及变化有显著影响，且与流域的侵蚀和河流的泥沙情况也有很大的关系。例如，页岩、板岩、石灰岩及砾岩等易风化、易透水、下渗量大，则地面径流将减少；当地面分水线与地下分水线不一致时，水资源将通过地下流失；沙土的下渗量大于黏土的下渗量，其地面径流将小于黏土地区的地面径流；黄土地区易被冲蚀，故其河流挟沙力往往很大，由于黄河流域流经黄土高原，其河水的含沙量居世界首位。此外，深色紧密的土壤易蒸发，疏松及大颗粒土壤蒸发量小。

另外，人类活动会改变下垫面条件，从而影响水文特性的变化。

（三）河川径流

1. 河川径流的概念

流域内的降水，其中一部分形成地面径流，一部分渗入地表土壤，在含水层内形成地下径流。河川径流是指下落到地面上的降水，由地面和地下汇流汇集到河槽并沿河道流动的水流。暴雨洪水主要来源于地面径流，而地下径流仅在大河枯水期起水量补给作用。

2. 河川径流的形成过程

流域中降水形成径流并流经出口断面或河口的全过程，称为径流形成过程，通常可分为四个阶段。

（1）第一阶段：降水过程

流域内的径流由降水产生，因此降水就成为径流形成的首要环节。降水的大小和它在时间上、空间上的分布，决定着径流的大小和变化过程。降水量以降水厚度（mm）表示。降水量、降水历时、降水强度称为降水三要素。降水可能笼罩全流域，也可能只降落在流域的局部地区；流域内的降水强度也有时均匀，有时不均匀，还有时在局部地区形成暴雨中心，并向某一方向移动。降水的变化直接决定径流的趋势，降水是径流形成的重要环节。

（2）第二阶段：流域蓄渗过程

降水开始时并不立即形成径流。首先，雨水被流域内的树木、杂草及农作物的茎叶截留一部分，不能落到地面上（这部分水量不能形成径流，以后将被蒸发消耗掉），这个过程称为植物截留。当植物截留水量得到满足后，到达地面上的雨水将会下渗。由于土壤表层（30～40 cm）比较疏松，入渗率大，因而土壤含水量可以得到优先补充。入渗率会随着土壤含水量的增加而逐渐降低，当降雨强度超过其入渗能力时，将产生超渗水量，这些水在重力作用下会由高向低流动。在流动过程中，若遇地形坑洼处，将填满坑洼后继续流动，形成地表径流。而填入坑洼的水量一般也会消耗于蒸发或入渗，这部分水量称为坑洼损失水量。总之，在本阶段，雨水经历了植物截留、地面洼蓄、流域蒸发及土壤入渗等过程。

（3）第三阶段：坡地漫流过程

流域蓄渗过程完成以后，剩余雨水沿着坡面流动，称为坡地漫流。坡地漫流的开始时间各处并不一致，它首先在流域内透水性差的地方和坡面陡峻处开始，然后完成蓄渗过程的区域逐渐扩大范围以至遍及全流域。

（4）第四阶段：河槽集流过程

坡面水流逐渐填满大小坑洼，注入小沟、溪涧而进入河槽，就进入了第四阶段的河槽集流过程。坡面水流经支流而入干流，最后到达流域出口断面或河口的过程，称为河槽集流。汇入河槽的水流，一方面继续沿河槽迅速向下游流动，另一方面也使河槽内的水量增大，水位也随之上升。河槽容蓄的这部分水量，在降雨结束后才慢慢地流向下游，使流域出口断面的流量增长过程变得缓慢，延长流动历时，对河床起到调蓄作用。

总之，地面径流的形成过程，根据其水体的运动性质可分为产流过程和汇流过程，根据发生的区域可分为在流域面进行的过程和在河槽内进行的过程。

降水、蓄渗、坡地漫流和河槽集流，是从降水开始到出口断面产生径流所经历的全过程，它们在时间上并无截然的分界，是交错进行的。

3. 河川径流的影响因素

从径流形成过程可知，各种自然因素，如降水蒸发、地形地质、湖泊沼泽等，都不同程度地影响着河川径流。从径流形成过程来看，自然因素可分为气候因素和下垫面因素两类。

（1）气候因素

流域的气候因素是影响径流量的决定性因素，其中以降水和蒸发最为重要，直接影响流域内的径流量和损失量。

①降水。空气中的水汽随气流上升时，因冷却而凝结成水滴，降落到地面上，形成降水。降水是径流形成的主要因素，降水强度、降水历时和降水面积对径流量及其变化过程都有很大影响。降水强度大，雨水来不及入渗而流走，使径流量增大；降水强度小，则雨水大部分渗入土壤而使径流量减小。降水历时长，降水面积又大，产生的径流量必然也大；反之则小。大流域内的降水，在地区上的分布是很不均匀的，流域内一次降水强度最大的地方，称为暴雨中心。暴雨中心在流域下游时，出口断面的洪峰流量就大些；暴雨中心在流域上游时，则洪峰流量就小些。一次降水的暴雨中心是不断移动的，当暴雨中心从流域上游向下游移动时，出口的洪峰流量就大些，反之则洪峰流量就小些。

②蒸发。流域内的蒸发是指水面蒸发、陆面蒸发、植物散发等各种蒸发的总和。蒸发在一次降水过程中对径流影响不大，但对降水前期的流域蓄水量却影响很大。例如，蒸发强度越大，则降水前土壤的含水量就越小，降水的入渗损失量就越大，而径流量也就越小。因此，蒸发也是影响径流变化的重要因素。

降水和蒸发在地区分布上呈现一定的规律性，因而径流变化也具有一定的地区性规律。

（2）下垫面因素

流域的面积大小、地形、土壤、地质、植被、湖泊等几何及自然地理因素，称为下垫面因素，它对出口断面的径流量有直接的影响。若流域面积小、平均坡度小、流域形状狭长、湖泊沼泽率大，则径流量亦小。流域的地理位置直接影响降雨量的多少，流域的地形对降水、蒸发及蓄渗和汇流过程都有影响，流域面积的大小、形状又与径流量有直接关系，土壤和地质因素决定着入渗和地下径流的状况。植物茎叶截留部分降雨，植物根系又能贮藏大量水分，可改造土壤和气候。湖泊也有储存水量、调节径流的作用。

另外，人类活动对河川径流也有重要影响。封山育林和水土保持，能增加降雨的截留和入渗，减少汛期水量和洪峰流量，同时能增大地下径流，补充枯水期的水量。修建水库不仅能对河流起蓄洪调节作用，还能使流域内的蒸发面积增大，从而加大蒸发量。

4. 地下径流

降水渗入土壤后，一部分为植物吸收或通过地面蒸发而损失，另一部分渗入透水层而成为地下水。渗入透水层的地下水经过一段相当长的时间，通过在地层中的渗透流动而逐渐注入河流，这就是地下径流，也称为基流。它与地面径流不同，在数量与时程上都表现出相当的稳定性。

（四）固体径流

河川的固体径流又称含沙量，是指单位体积浑水中所含泥沙的数量，计量单位为 kg/m^3。所有河流都挟带泥沙，只是多少不同而已。我国黄河是一个突出的例子，流经河南省三门峡市陕州区的黄河多年平均含沙量高达 35.1 kg/m^3，实测最大含沙量超过 500 kg/m^3。河流泥沙主要来源于流域地表被风和雨水侵蚀的土壤，当大量的降雨或融雪形成坡地漫流时，水流就将地表的固体颗粒带入河中。河流中泥沙的多少与流域特征及地面径流有关，洪水期含沙量较大，枯水期只靠地下水补给时，则含沙量最小。

天然河床是由大小不同、形状各异的泥沙颗粒组成的。根据在河槽内运动的状态，泥沙可分为悬移质和推移质两种。悬移质泥沙是指在一定水力条件下处于运动状态，颗粒较细的、被水流中的紊流旋涡带起并悬浮于水中向下游移动的泥沙。推移质泥沙是指颗粒稍大的、在河床上滚动、滑动或跳跃着间歇性地向下游移动，前进的速度远小于水流流速的泥沙。推移质颗粒群体的运动形态，呈现为床面上的沙波运动。比推移质颗粒更大的泥沙，则下沉到河床床面静止不动，称为沙床。悬移质和推移质的分界是相对的，是随水流流速大小而变化的。

年平均悬移质颗粒级配采用月输沙量加权计算，对于个别月份缺测颗粒级配，且缺测月份的输沙量占年输沙量的 20% 以上时，可以不计算年平均颗粒级配。泥沙的几何特性用粒径来表示。泥沙颗粒形状极不规则，一般采用与泥沙颗粒同体积的球体直径，即等容直径 d 来表示颗粒的大小，单位为 mm 或 m。

粒径大于 0.05 mm 的泥沙，可用筛析法测量；粒径小于 0.05 mm 的泥沙，则用水析法测量，即根据泥沙在静水中沉降速度与粒径大小的关系，来确定粒径的大小。对大粒径的圆石和砾石可直接量其长、短轴直径。

第二节　水文循环

一、水文循环现象

地球上的水以液态、固态和气态的形式分布于海洋、陆地、大气和生物体内，这些水体构成了地球的水圈。水圈中的水运动，其主要表现形式可概括为降水、蒸发、径流和下渗四大类型，统称为水文现象。大气中的水汽凝结后以液态或固态的形式降落到地面的现象称为降水，降水的形式有雨、雪、雾、霰、雹等。水分以水汽形式从蒸发面溢出的现象称为蒸发，它根据蒸发面的不同可分为植物截留蒸发、土壤蒸发、水面蒸发、植物散发、冰雪蒸发等。降落在地表的雨水满足各种损失后，在重力作用下能够沿着一定方向和路径流动，并最终汇集到河流中的部分雨量称为径流，也称为净雨，一般分为地面径流（净雨）和地下径流（净雨）。地表水在重力、土壤分子力和毛管力的作用下，经过土壤表面渗入土壤的过程称为下渗，它是地下径流形成的关键环节。

水圈中的各种水体在太阳辐射能和大气运动的驱动下，不断地从水面（江、河、湖、海等）、陆面（土壤、岩石等）和植物的茎叶表面，通过蒸发或散发并以水汽形式进入大气圈。在适当的条件下，大气圈中的水汽可以凝结成小水滴，小水滴相互碰撞合并成大水滴，当凝结的水滴（或冰晶）大到其重力能克服空气阻力时，就在地球引力的作用下，以降水的形式降落到地球表面。到达地球表面的降水，其中小部分首先被植物截留和填洼；另一部分在分子力、毛管力和重力的作用下通过地面渗入地下，渗入地下的水量满足土壤吸附后，余下部分则形成地下径流；还有一部分降水则形成地表径流。产生的径流，主要在重力作用下流入江、河、湖泊，最后汇入海洋；在这个过程中，还有一部分降水通过蒸发和散发重新逸散到大气层。渗入地下被土壤颗粒吸附的那部分降水变成土壤水，再经蒸发或散发回到大气中。地下径流则以地下水的形式排入江、河、湖泊，再汇入海洋。水圈中的各种水体在太阳辐射和地球引力的作用下，通过这种不断蒸发、水汽输送、凝结、降落、下渗和径流等形式的往复循环过程称为水文循环，又称水分循环或水循环。太阳向宇宙空间辐射大量热能，在到达地球表面的总热量中约有23%消耗于海洋和陆地表面的水分蒸发中。水文循环的空间范围上至地面以上平均约 11 km 的对流层顶，下至地面以下平均约 1 km 的深处。水以各种形态常年往返于大气、陆地和海洋之间，从不间断。

从机理上看，发生水文循环既有内因也有外因。其内因是水的"三态"变化，即水在常温下能实现固态、液态和气态之间的相互转化而不发生化学变化，其外因是地球引力和太阳辐射提供强大的驱动力。内因是根据，外因是条件，内因通过外因起作用，以上两个条件缺一不可，否则就不可能形成自然界的水文循环。

二、水文循环的分类

按照水文循环过程的整体性与局部性，根据其尺度大小，可把水文循环分为大循环、小循环和微循环。

(一) 大循环

从海洋蒸发的水汽，被气流输送到大陆上空形成降水，其中一部分以地面和地下径流的形式通过河流汇入海洋。另一部分重新蒸发返回大气。这种海陆间的水分交换过程，称为大循环或外循环。大循环也称为全球尺度的水文循环。在大循环中，一方面水分在地面和大气中通过降水和蒸发进行纵向交换，另一方面水分还通过河流在海洋和陆地之间进行横向交换。海洋从空中向陆地输送大量水汽，陆地则通过河流把液态水输送到海洋里。陆地也向海洋输送水汽，但与海洋向陆地输送的水汽相比其量很少，约占海洋蒸发量的 8%。因此，海洋是陆地降水的主要水汽来源。

大循环是空间尺度最大的水文循环，也是最完整的水文循环，它涉及海洋、大气、陆地之间的相互作用，它与全球气候变化有密切关系。

(二) 小循环

海洋上蒸发的水汽在海洋上空凝结后，以降水的形式直接降落到海洋里，或陆地上的水经蒸发或散发凝结后又降落到陆地上，这种局部的水文循环称为小循环或内循环。前者称为海洋小循环，后者称为陆地小循环。小循环也称为区域或流域水文循环，主要是水分通过降水与蒸发进行纵向交换。此外，在陆地小循环中还有一类特殊的小循环，称为内陆水循环，它对内陆地区的降水有着重要作用。因为内陆地区远离海洋，从海洋直接输送至内陆的水汽有限，通过内陆局部地区的水文循环，使水汽逐步向内陆输送，这是内陆地区主要的水汽来源。由于水汽在向内陆输送的过程中，沿途会逐渐损耗，故而内陆距离海洋越远，输送的水汽量越少，降水量也越小。小循环往往是区域性的，多数是以流域为研究单元，等同于流域降水径流的形成过程。例如我国比较典型的内陆水循环有塔里木河流域、甘肃黑河流域及青海的格尔木河流域等。

流域或区域水文小循环的空间尺度一般在 $1 \sim 10000 \ km^2$，相对于全球水文循环而言，它是一种开放式的水文循环系统。

（三）微循环

水文循环中的水文微循环是指水－土壤－植物系统中的水分循环，是最小尺度的循环。水－土壤－植物系统是一个由水分、土壤和植物构成的三者之间相互作用的系统，其特殊意义在于将水文循环与植物、土壤有机地联系起来。渗入土壤的雨水会被植物根系吸收，在植物生理作用下通过茎、叶输送来维持植物的生命过程，并通过叶面散发回到大气中。水－土壤－植物系统水文循环也是一个开放式的循环系统。

三、水文循环的作用

水文循环维持了多种多样的生命，从这个意义上也可以说水文循环的功能与人体的血液循环的功能是一样的。

水文循环是地球上最重要、最活跃的物质循环，它对自然环境的形成、演化和人类的生存产生巨大的影响，其主要作用表现在以下几方面。

（一）调节气候

通过蒸发进入大气的水汽，是产生云、雨和闪电等现象的主要物质基础。蒸发产生水汽，水汽凝结成雨（冰、雪），吸收或放出大量潜热。空气中的水汽含量直接影响气候的湿润或干燥，水文循环可以调节地面气候，使生物包括人类得到适合生存的温度，这也是地球生命能够生生不息的重要原因之一。

（二）改变地表形态

降水形成的径流可冲刷和侵蚀地面，形成沟溪江河；水流搬运大量泥沙，可淤积成冲积平原；渗入地下的水，可溶解岩层中的物质，富集盐分，输入大海；易溶解的岩石受到水流强烈侵蚀和溶解作用，可形成喀斯特地貌。因此，水文循环是造就地球上具有千姿百态自然景观的重要条件之一。

（三）导致水资源再生

水文循环形成了可以重复使用的水资源，是水资源可再生的根本原因。它使人类获得永不枯竭的水源和能源，为一切生物提供了不可缺少的水分。过去人们常说水是"取之不尽，用之不竭"的，主要也是水文循环的缘故。但由于水文循环的水量是有限的，而且每年具有很大的不确定性，所以"取之不尽，用之不竭"之说是有局限性的，或者说是不科学的。

（四）引起旱涝交替

由于水文循环受多种因素的影响，其中有许多因素是不确定的，特别是气候因素的随机性很大，所以水文循环还时常带来洪涝和干旱。洪涝和干旱的交替发生将会对人类的生存安全造成威胁。由于太阳能在地球上分布不均匀，而且时间上也有变化，因此，主要由太阳能驱动的水文循环导致地球上降水量和蒸发量的时空分布不均匀，不仅使地球上有湿润地区和干旱地区之分，还使地球上有丰水季节和枯水季节、多水年和少水年之分，这也是地球上发生洪、涝、旱等灾害的根本原因。

（五）促进物质循环

在水文循环过程中，大气降水把天空中游离的氮素带到地面，滋养植物；陆地上的径流又把大量的有机质送入海洋，供养海洋生物；而海洋生物又是人类食物和制造肥料的重要来源。水是良好的溶剂，水流具有携带物质的能力，因此，自然界有许多物质，如泥沙、有机质和无机质均以水为载体，参与各种物质循环。

在水文循环过程中，水的物理状态、水质、水量等都在不断变化，水通过蒸发、降水、下渗和径流四个主要环节进行着交换。研究水文循环的目的，在于认识它的基本规律，揭示其内在联系，这对合理开发利用水资源、抗御洪涝灾害、改造自然、利用自然都具有十分重要的意义。

四、影响水文循环的因素

影响水文循环的因素很多，可以归纳为以下 4 种。

（一）气象条件

气象条件包括温度、风速、风向、湿度等。在水文循环的各环节中，蒸发、水汽输送、降水取决于气象条件，因此，气象条件对水文循环的影响起着主导作用。

（二）自然地理条件

自然地理条件包括地形、地质、土壤、植被等。自然地理条件主要通过蒸发和径流影响水文循环。蒸发比重大的地区，水文循环活跃，而径流比重大的地区，水文循环相对平稳。

（三）地理位置

一般而言，距离海洋越近，水文循环强度越大；反之，则越弱。

（四）人类活动

人类活动包括各种农业生产、水利工程和城市建设等。人类的农业生产活动通过改变流域下垫面条件间接影响水文循环各环节。另外，人类还通过兴建水库等径流调节工程及引水、调水工程等直接影响水文循环。目前，有人将由人类活动引起的循环称为社会水文循环，而将由气候因素引起的循环称为自然水文循环。

一般来说，低纬度湿润地区，降雨较多，雨季降水集中，气温较高，蒸发量大，水文循环过程强烈；高纬度地区，气温低，冰雪覆盖期长，水文循环过程相对较弱；干旱地区，降水稀少，蒸发能力大，但实际蒸发量小，水文循环微弱。同一地区不同季节水文循环强度也存在差异，水文循环的这种不均匀现象造成了洪涝、干旱等多变、复杂的水文情势。

五、我国几种主要的水文循环路径

我国的地理位置距离各大洋的远近，以及大气环流和季风的影响，决定了我国的水汽来源，也就形成了我国相应的水文循环路径。

（一）太平洋水文循环

我国沿太平洋有相当长的海岸线，太平洋的暖流流经我国的东南沿海，暖流洋面温度较高，蒸发量大，洋面上的暖湿空气受到东南季风和台风的影响，向内陆输送大量水汽。吸湿空气到达大陆后，又与西伯利亚冷气团相遇，成为华东、华北地区主要降水的水汽来源，而且降水量从东南向西北递减。我国的主要流域，如松花江、辽河、海河、黄河、淮河、长江、钱塘江、闽江、珠江等，其水源主要来自该水文循环的降水，所形成的径流又汇入太平洋。

（二）印度洋水文循环

印度洋也是我国内陆地区降水的主要水汽来源之一。冬季有明显湿舌从孟加拉湾伸向我国的西南部，形成这一地区的冬季降水；夏季，由于印度洋低压的发展，盛行西南季风，把大量的水汽输送到我国西南、中南、华东以及河套以北地区，成为我国夏季主要降水的水汽来源。形成降水产生径流后，一部分降水经西南地区的河流汇入印度洋，如雅鲁藏布江、怒江等，另一部分降水则参与太平洋的水文循环。

（三）大西洋水文循环

我国西北内陆地区的水文循环主要为内陆水文循环，虽然距离大西洋较远，但由于高空西风盛行，地势平坦，仍有少量大西洋水汽于春季随气旋向东运行，参与内陆水文循环。

（四）北冰洋水文循环

北冰洋水汽借助强盛的西北风随西伯利亚气团进入我国西北内陆地区。西伯利亚冷气团强盛时，也可深入我国腹地，因其水汽含量较少，故而引起的降水量不多。我国新疆北部的降水转变为额尔齐斯河的径流汇入北冰洋，构成北冰洋水文循环的一部分。

（五）鄂霍次克海水文循环

鄂霍次克海与日本海的冷湿气团，在春夏之间由东北季风进入我国东北北部地区，降水后形成的径流，经黑龙江注入鄂霍次克海。

此外，受热带辐合带的影响，南海季风可把南海的水汽输送到华南地区，水汽形成降水后以径流的形式经珠江流入南海。

从多年平均情况来看，我国内陆地区上空的水汽总输入量为 15023 km³，总输出量为 12363 km³，净输入量为 2660 km³，平均到全国面积上的深度为 279.4 mm，与全国的入海径流量很接近。这意味着进入我国上空的水汽并不全部参与水文循环，其中只有 13% 参与循环，以径流形式汇入海洋。

第三节　水量平衡

一、基本原理

水量平衡分析是物质不灭定律在水文学中的具体应用，是定量研究水文现象的基本工具。应用水量平衡原理可对水文循环建立定量概念，从而了解各循环要素（如降水、蒸发、径流、下渗）之间的定量关系，对于水资源评价、水文分析和水利计算、水文预报等具有重要作用，也是水文学研究的有力工具。

水量平衡分析的基本原理就是物质不灭定律或质量守恒定律，即对任意区域（或水体）、在任一时段内，其输入的水量和输出的水量之差等于其蓄水量的变化量。

二、水量平衡分析的意义

水量平衡分析是水文、水资源学科的重大基础课题，同时又是研究和解决一系列实际问题的手段和方法，因而具有十分重要的理论意义和实际应用价值，主要表现在以下几个方面。

第一，通过水量平衡分析，可以定量地揭示水文循环过程与全球地理环境、自然生态系统之间相互联系、相互制约的关系；揭示水文循环过程对人类社会的深刻影响，以及人类活动对水文循环过程的消极影响。

第二，水量平衡又是研究水文循环系统内在结构和运行机制，分析系统内蒸发、降水及径流等各个环节之间的内在联系，揭示自然界水文过程基本规律的主要方法；是人们认识和掌握河流、湖泊、海洋、地下水等各种水体的基本特征、空间分布、时间变化，以及今后发展趋势的重要手段。通过水量平衡分析，还能对水文测验站网的布局，观测资料的代表性、精度及其系统误差等做出判断，并加以改进。

第三，水量平衡分析还是水资源现状评价与供需预测研究工作的核心。从降水、蒸发、径流等基本资料的代表性分析开始，到进行径流还原计算，再到研究大气水、地表水、土壤水、地下水等四水转换关系，以及区域水资源总量评价，基本上都是根据水量平衡原理进行的。水资源开发利用现状及未来的供需平衡计算，更是围绕着用水、需水与供水之间能否平衡的研究展开的，所以水量平衡分析是水资源研究的基础。

第四，在流域规划、水资源工程系统规划和设计中，同样离不开水量平衡分析工作。它不仅可以为工程规划提供基本参数，而且可以评价水利工程建设后可能产生的实际效益。

此外，在水资源工程正式投入运行后，水量平衡分析又往往是恰当地协调各部门用水要求，进行合理调度，科学管理，充分发挥用水效益的重要手段。

三、人类活动对水量平衡的影响

人类活动使得自然地理条件发生变化，从而导致水文循环要素、过程、强度、水文情势等发生变化，进而使水量平衡也产生变化。人类活动对水文循环的路径及水量平衡各项值，既有直接影响也有间接影响。在水文循环中有两个重要环节：一是空中水汽输送；二是地面径流。人类活动对前者的影响是间接的，而对后者的影响是直接的。此外，人类活动不仅改变了水文循环过程中水的数量，也改变了水的质量，即水的物理化学性质。

（一）人类用水对水量平衡的影响

人类为了满足生活和工农业生产的需要，把水从河流或地下含水层中直接取出。其中一部分通过排水或下渗重新回到河流或地下含水层中，一部分通过蒸发和散发成为大气水汽，只有一小部分返回当地水文循环系统，从而使该区域水循环各要素的时空分布直接发生变化，这种影响在干旱区尤为突出。例如，我国新疆地区气候干旱，农作物需水迫切，农田大量引水灌溉，导致许多河流季节性断流。在黄河流域，因内蒙古河套地区大量引水灌溉，出现了河套流量比上游兰州段流量小的反常现象。由于大量引水灌溉，河水大量引入农田，增大了陆地表面的蒸发，减小了河川径流，造成黄河年径流量逐年下降的趋势。同时，随着人口的增长及城市与工业的发展，生活与工业引水量也日益加大。这些因素使用水量急剧增大，以致20世纪末黄河这样的大河也发生了连续数年的断流现象。

人类活动还在于明显地改变了下垫面状况。在农业方面，耕作面积的增加改变了原有植被状况，改变了蒸发条件，进而改变了水汽输送量；农田排水含有不同量值的养分和农药，使水质发生了变化。在工业方面，城市化的发展，使大量透水地面变为不透水地面，使得相同降雨量所产生的径流量及径流过程不同。现代工业排放的废气降低了近地面的大气透明度，从而改变了辐射状况，影响了陆地表面的能量平衡，导致海洋与陆地表面温度发生变化，而降水量也随之发生了变化。工业排放的污水、废水含有比农田排水更多的有害物质。而近年来，黄土高原地区的人类活动，包括修筑梯田和淤地坝等工程措施，以及退耕还林还草等改变土地利用状况的措施，则在一定程度上减轻了人类对水文循环的影响。

（二）水利工程的影响

为了满足人类用水、用电的需要，我国在河流上兴建了大量水库、水电站等水利工程。这些工程改变了河川径流时程分配过程，水库蓄水增大了水面面积。由于水面蒸发远大于陆地表面蒸发，因而总体上蒸发量增大。蒸发的水量改变了内陆地区水文循环中的水汽量，在一定程度上增强了内陆地区的水文循环。由于这些工程在蓄水过程中，改变了径流的运动条件，改变了水的温度状况及水中微生物和生物的生存条件，也相应会引起水质的变化。

跨流域调水改变了水文循环的路径，同时也改变了水文循环各要素之间的平衡关系，进而对水文循环产生了很大影响，不仅对调出区有影响，对调入区也有不可忽视的影响。例如，我国的南水北调工程，使长江流域水量减少，使黄河、淮河、海河流域水量增加；长江流域水量减少量值相对有限，而黄淮海流域水量增加比例较大。因此，南水北调工程对长江的影响，如是否会产生入海口区淡水退缩及咸水入侵、河口侵蚀量增加等负面影响都需要研究；对黄淮海调入区而言，调入水量对缓解调入区用水紧张程度、补充长期超采的地下水等都是有利的，但是否会改变调入区水文循环状况还有待进一步研究。

对于不同的人类活动来说，其水文效应的影响规模、变化过程和变化性质，以及可否逆转等均不同。例如，跨流域引水、大型水库等水利工程虽然时间短暂，但将骤然改变水循环要素，而且一旦改变就将持久而不可逆转地存在下去。植树造林、城市化等历时较长的人类活动，对水文要素的影响则是逐渐发生的。水文效应的影响与原水体水量大小有关，影响改变的量和质与总水量和总体水质都是相对而言的。

总而言之，随着人类活动强度增大，人类活动对水文循环的影响也在增大，而水文循环的改变又会引起自然环境的变化。这种变化既可能朝着有利于人类的方向发展，也可能朝着不利于人类的方向发展，弄清其机理，在水文学理论上和经济社会实践中都有重大的意义。

第二章　水资源问题与影响因素

第一节　水资源问题概述

当今世界面临着人口、资源与环境三大问题。水是基础性自然资源，不仅是人类赖以生存的生活资源，也是生物赖以生存的基本资源，而且是稀缺的经济资源，同时又是构成并影响生态与环境的控制性要素。水资源是各种资源中不可替代的一种重要资源，水资源又与人口、环境密切相关。当今，水资源问题在世界范围内蔓延，已成为世界关注的焦点之一，是政府、学术界的重要议题。

水资源短缺已成为世界各国社会经济发展的主要制约因素。尽管水是一种可再生资源，但是它的数量和再生速度都是有限的，况且这部分水分布极不均匀。随着经济的发展和人口的增加，世界用水量在逐年增加。按照水文方面的估算，年人均拥有水量为 1000 ～ 2000 m³ 的国家可定为水紧张的国家，当该数字下降为不到 1000 m³ 时，那么就可定为缺水国家。其中不少国家人口增长率非常高，所以它们的水问题也日益加深。根据《2021 年联合国世界水发展报告》，在过去 100 年中，全球淡水使用量增长了 6 倍。当前，全球每 3 人中就有 1 人无法获得安全饮用水。数据显示，到 2025 年，全球将有 35 亿人面临缺水，到 2050 年，全世界将有 57 亿人每年至少有一个月遭遇严重缺水。报告指出，在非洲，27 个最缺水国家的淡水拥有量仅占整个非洲的 7%；在中东地区，85% 以上的人口生活在缺水条件下。

缺水国家的供水紧张局面不断加剧，还有一些水紧张国家及部分水资源总量比较丰富的国家，水问题也在加剧，主要表现为淡水在年内或地区间分配不均衡。这些国家中一个最普遍的问题是地下水的使用超出了天然补给而造成地下水位下降。如果地下水的抽取速度大于地下水恢复再生速度，那么最终会出现因抽水设备及抽水耗能费用昂贵而无法抽取，或因地下水耗尽而无水可取。地下水不能持续利用引起了人们对水资源短缺的担忧，其中之一就是已储存了几百年或几千年的古蓄水层目前已很少得到补给。一些深蓄水层的水因为更新速度十分缓慢，因而几乎是不可更新的，依靠这种水源的城市或农业迟早会遇到无水可抽的局面。

植被减少、天气干旱、过度开采等，不仅会造成大量水库、河流、湖泊干涸，而且会造成地下水位的下降，形成恶性循环。

水质污染加剧了淡水资源短缺，危害人类的生命健康，导致生态环境恶化。在很多发达国家和经济转型国家，经济进步是以严重破坏自然环境为代价的。全世界目前每年排放污水约为 4260 亿吨，造成 55000 亿立方米的水体受到污染，约占全球径流量的 14% 以上。联合国调查统计，全球河流稳定流量的 40% 左右已被污染。在 20 世纪，世界湿地面积已经减少半数，造成重大的生物多样性损失。据联合国统计，因饮用水、河流及地下水资源的污染，每年约有 2 亿人患上与水污染有关的疾病，约有 200 万人因此死亡。目前，世界上约有 24 亿人普遍缺少基础卫生设施条件，约有三分之一的人仍在饮用不安全的饮用水，巴西虽然拥有世界上 17% 的淡水资源，但是严重的水污染剥夺了人们饮用干净水的权利。巴西全国约有 880 万人喝不上干净的饮用水。目前，全世界每年在供应饮用水与改善卫生条件等方面所花费的资本高达 300 亿美元，要实现联合国千年首脑会议与世界可持续发展首脑会议所确定的目标，全世界每年还应在这一领域追加 40 亿到 300 亿美元的资金。

水污染对海洋的破坏也是令人震惊的。海洋的浩瀚无边与自动净化能力，使人类一直把海洋当作最好最大的天然垃圾坑，倾废是人类利用海洋的主要方式之一。各国特别是工业国家每年都向海洋倾倒大量废物，如污水、污泥、工业废物、疏浚污泥、放射性废物等。在各种废物中，倾倒放射性废物尤为令人关注，因为这相当于在人们四周放了一个又一个失控的核弹，一旦废物产生泄漏，将对生态造成严重破坏。

在淡水资源日益减少的同时，淡水使用和分配的不平等性也日趋严峻。一些国际河流共享的水资源潜伏着严重危机。有限的水资源已在一些国家之间引起了纷争，如埃及对于埃塞俄比亚在尼罗河上建起数以百计的大坝非常不满。

淡水资源的缺乏不是个别国家所独有的问题，而是全球发展中面临的共同问题。全球性的水危机已引起世界的关注和不安，联合国也在一些重要国际会议上不断发出警告。

第二节 水资源载体演进与嬗变机理

地球上产生水和诞生人类相隔几十亿年，人类诞生以前水仅在自然界中运动，遵循海、地、气系统的能量均衡和转化规律，表现出单一的自然属性。

随着人类的诞生和社会的发展，水维系着人类生活、农作物生长、物质生产、生态和环境等，发挥着资源的作用，从此水资源不仅只运动在自然界载体中同时也进入社会载体中。一部分水变成人类可利用的水资源。

自然界和社会有机体不是两个完全分开的单体，而是具有不同属性且相互依存、相互影响和融合的整体，水资源作为基础性自然资源存在于自然－社会双载体中，其时空尺度是有限的。

水资源在自然－社会双载体中的运动，已不能假定其为仅在大自然界中那种量和质完全不变的"水循环"或"水文循环"，这是因为人类活动的影响，已使水资源发生了质、量和时空分布等各方面的转化。这里我们把这样的过程称为水资源流转过程，并将水资源在流转过程中的变化状态描述为嬗变，即有演变、蜕变之意（《辞海》第六版，第1967页）。因此，我们提出"自然－社会双载体""流转""嬗变"等新概念，有别于水资源"自然循环""人工循环""社会循环"等已有类似表述，并非故弄名词之意。因为自然界中存在的"水循环""水文循环"过程与作为资源的水在自然－社会双载体中流转并受人类活动影响发生嬗变的过程有着本质的区别，澄清这些基本问题，有助于正确理解水资源内涵，科学认识水资源问题成因，准确掌握解决水资源问题的方法与途径。

一、水资源载体演进

自地球上产生水以后漫长的一段时间内，水是一种纯天然物质，顺应自然规律，表现为在自然界载体内单一的自然流转过程。

水孕育了人类，自从人类诞生以来，人类社会不断发展，经历了原始社会、农业社会、工业社会、现代社会（后工业社会、知识社会）等社会形态，水与人类社会的发展结下了不解之缘。

（一）原始社会

人类靠渔猎、采食为主，人只能在一年四季都能得到足够的液态水的地区生存，事实上只在这些地区发现了原始人的遗迹。

（二）农业社会

农业降低了人类对自然界的依附程度，人类从狩猎者和捕鱼者变为农耕者，从游荡的生活变为定居生活，为了解决人口增长所需的生活资料，农业从最早的高地和山区扩展到河谷平原以便利用更多的土地资源，同时人类开始治水，改善生活和生产条件。

（三）工业社会

工业以使用化学能的机器武装了农业，迅速增长的人口和较高的生活、生产水平迅速提高了社会对水的需求量。1830 年，世界人口只有 10 亿，到了1990 年增加到 53 亿，人均水资源量下降到原来的五分之一，这是水资源危机的主要背景。工业化使人口迅速向城市集中，水资源不得不从外地调进城市以满足城市人口的集中消费，破坏了当地水的供需平衡关系，城市成为水资源危机的敏感点。工业污染、农业污染、生活污染不能有效治理，水质和生态环境恶化，成为水资源危机的焦点。

（四）现代社会

人口持续增长，城市化加快，生活水平提高，生产能力增强，用水量进一步增加，污染治理滞后于污染增加与扩散，生态环境不断恶化，水资源危机日趋严重。

在社会发展的进程中，水资源不仅表现为自然属性，而且凸显其社会属性，水资源不仅表现为如水一样在自然界载体中进行单一自然流转，还同时进入社会有机体中流动、循环、转化，即同时存在于自然－社会双载体中流转。

水资源在自然－社会双载体中流转时，不断发生自然嬗变和社会嬗变，并互为影响。

二、水资源嬗变机理

水资源在自然－社会双载体中流转，发生嬗变，由于其嬗变程度超越修复能力，使传统原始的人类社会与水资源的关系逐渐破坏，现代协调的相应关系未能形成，致使水资源问题从无到有，不断发展。因此有必要充分认识水资源嬗变机理。

（一）水资源自然嬗变

水资源自然嬗变是指由自然界各类因素引起的水资源质、量和时空分布等的变化。地球上的水组成了很多系统，如降水系统、海洋系统、冰盖系统、冰川系统、河流系统、湖泊系统、地下水系统、蒸发系统等。这些水系统都有其独特的组成要素和运动规律，它们相互之间广泛联系组成了一个复杂的大系统——水圈。水圈与大气圈、生物圈、岩石圈又有十分密切的联系，相互间不断进行着广泛的物质和能量交换，其主要表现为水文循环过程及系统结构和水文要素的变化。各种形式的水在自然界载体循环中以不同周期更新。水的存在形式不同，更新周期差别也很悬殊。多年冻土带的地下冰和极地冰盖更新周期最长，约需·万年左右，海水更新则需 2500 年，山岳冰川视其规模不同约需数十年至 1600 年，深层地下水 1400 年，较大的内陆海 1000 年，湖泊数年至数十年，沼泽 1～5 年，土壤水 280 天至 1 年，河川水 10～20 天，大气水 8～9 天，生物水则仅需数小时。自然水循环遵循质量守恒定律：陆地降水量加海洋降水量等于陆地蒸发量加海洋蒸发量。

水量平衡方程表明，全球降水量等于全球蒸发量，全球水量保持平衡，基本上长期不变。人类主要生活在陆地上，而陆地上各地的水分状况有明显的年际变化与长期波动。由于自然因素作用，某一区域或流域的水资源会发生海水侵蚀、盐碱化、蒸发、降水、风暴潮入侵、海平面变化等质变、量变和时空分布的相对变化，而其中某些变化是一个漫长的过程，所以干旱和洪涝灾害是水资源自然嬗变的主要特征。很早以前，人类就已经广泛地利用地表水和地下水来发展灌溉和航运，近代还进行人工增雨、海水蒸馏淡化、远程引水，甚至设想利用极地冰，以补充某些地区某时段水资源的不足，也就是提高其水量平衡水平。

（二）水资源社会嬗变

水资源社会嬗变是指由社会有机体内各类因素引起的水资源质、量和时空分布等变化。社会的基本要素包括自然环境、人口因素、经济因素、政治因素及思想文化因素五大类。社会是不断发展着的有机体，如社会不同要素和不同层次的社会群体、组织、社区、制度等，也都是社会关系的不同水平的

"总合"形式,是自身发展着的有机整体。社会有机体概念是包括生产力、生产关系、上层建筑及其他一切社会要素的一个综合范畴。而水资源社会载体就是社会有机体范畴,水资源社会嬗变也就是水资源在社会载体内流转发生的变异。例如,由于人类活动和经济发展等社会因素作用,某一区域或流域水资源会发生污染、取水、水库和人工河流调水等质变、量变和时空分布的变化。

社会因素对水资源影响更具复杂性,不如自然因素对水资源影响便于分析和计算,但有很多案例可以引为论据,也有相关公认的论点可以引用推理,这里仅限于讨论其概念关系。水资源社会嬗变与社会载体内的各种要素密切相关。

1. 与自然环境相关

自然环境不等于自然界,只是自然界的一个特殊部分,是指那些直接和间接影响人类社会的自然条件的总和。它包括地形、地貌、气候、土壤、山林、河流、陆地和地下矿藏、动植物等。

2. 与人口因素相关

所谓人口,就是指在特定时空内,由一定社会关系联系起来的、一定数量和质量的有生命的个人所组成的总体,水资源社会嬗变与人口的数量和质量,人口的自然构成、人口的社会构成、人口的地域构成、人口的变动等相关。

3. 与经济因素相关

水资源社会嬗变与经济布局、经济结构、经济总量、经济增长方式、经济动态等相关。

4. 与政治因素相关

政治是国家意志的表达,行政是国家意志的执行,政治的本质是社会管理,水资源社会嬗变与国家法律法规、国家政权组织形式、国家机构设置、政党制度、政治社团作用、政治参与、政治民主、干部体制、国际政治等相关。

5. 与思想文化相关

思想文化是指人们的理念、价值观、知识、信仰、道德、规范、习俗等,思想文化为人类提供了适应和改变自然的能力,思想文化影响社会的组织形式和运转形式,思想文化影响人们的生活方式,思想文化影响人类自身的素质,这些因素都直接和间接地影响着水资源,所以水资源社会嬗变与思想文化相关。

6. 与社会生产力、生产关系等相关

社会生产力，即社会生产的实现程度，是建立了一定生产关系的人类社会所具有的征服自然、改造自然以获得生活资料、生产资料及增殖人口的能力。社会生产关系包括生产资料所有制关系、交换（分配）关系和家庭关系，任何一方面的生产活动的实施，都离不开这三种生产关系的建立。

水资源社会嬗变是因为社会载体的各种因素影响着人类活动和社会发展。而人类活动的作用和社会发展的影响，使原始自然的水资源的质、量、时空分布发生变异，从而使水资源的作用减弱或丧失。因此，水质污染、生态环境恶化等是水资源社会嬗变的主要特征。

（三）水资源在自然－社会双载体中流转而发生自然嬗变和社会嬗变

这是一种相互融合、相互作用、相互影响的复杂过程。水资源的自然嬗变难以调控，只能防治，而水资源的社会嬗变是可以调控的，必须严格管理。因为社会载体即社会有机体具有自身的规律和自我调节功能。就像生物有机体一样，它能够通过机体内部的自我调节，及时排除某些环节上出现的功能障碍，以维持自身的协调与均衡。社会载体具有类似生物有机体的这种功能，所不同的是生物有机体的自我调节的方式是统一的，而社会载体的自我调节方式在不同的社会制度下是异质的。其根本原因在于生物有机体与自然界之间只是一种适应与被适应的自然关系，而社会载体与自然界之间则是社会主体与社会客体之间的改造与被改造的关系。

社会虽然以人的存在为前提，并且以人的活动来实现自身的运动，但是社会的运动和发展却具有自然历史过程的特点，表现出对一切个人都独立的性质。德国思想家恩格斯对这一点曾作过精辟的论述。他指出，社会上的每一个人都希望得到他所向往的东西，但是任何一个人的愿望都要受到任何另一个人的妨碍。而最后出现的结果往往是谁都没有希望过的事物。这无数互相交错的力量，形成了无数个力的平行四边形，融合成一个总的平均数，一个总的合力，总的结果，即历史事变。所以以往的历史总是像一种自然过程一样地进行，它服从于自身的运动规律，社会运动、社会意识具有同个人活动、个人意识不同的内容和特点（《马克思恩格斯全集》第 37 卷，第 459 页）。社会是人和社会关系的结合物，社会发展有其规律，人与社会的关系是辩证统一的关系。人类活动只是社会有机体内各类要素的一部分，人能够改造自然，但不能改造自然发展规律，人能影响社会发展的进程，但不能改变社会发展的方向，所以解决人类所面临的水资源危机的根本不仅在于人类自身还归结于社会整体。"人与自然和谐相处"是初衷，只有得到"社会与自然协调发展"的结果，才能达到解决水资源问题的目的。

第三节　水资源问题的影响因素

在一定时间和空间范围内，由于水的数量、质量等发生变化，水体会丧失其维持生命、生活、生产、生态等资源功能效用，甚至变异为有害物质，危及生命、生活、生产、生态等活动，不能满足维系社会、经济、生态与环境可持续发展的需要。

水资源问题一般指水问题，水问题受自然因素和人类活动等影响，具体如下。

一、自然因素的影响

水问题是一个自然过程，即使没有人类活动的扰动，在自然环境演变过程中也会出现水问题，这类水问题的出现可能是缓慢的，也可能是突变性的。

（一）气候变化

在各种自然驱动力（太阳的光热、地球与天体运动、大气环流及下垫面状况4个因素）的共同作用下，天气与气候也处于不断的演化和变迁之中。在漫长的地质年代中，地球气候不停地呈波浪式向前发展，冷、暖、干、湿交替出现。自震旦纪以来6亿多年气候变化的总趋势中，占主导地位的温暖气候约占整个气候史的90%。其余10%的时间经历了三次大冰期：第一次大冰期发生在距今6亿年前；第二次大冰期出现在距今2亿～3亿年前；第三次大冰期始于距今250万年前。迄今为止，气候的冷、暖、干、湿交替变迁仍然在进行着。事实证明，漫长的大气和生命演化进程伴随着气候的形成及变化，并与其他各圈层的活动息息相关。世界气象组织（WMO）认为，气候系统是包括大气及地球表层的水圈、冰冻圈、土壤圈、岩石圈（陆面）与生物圈的整个体系，各组分之间存在着密切而复杂的相互作用，在系统自身的动力作用和系统外部强迫作用下（太阳活动、火山爆发、人类活动等），气候系统不断地以不同的时间尺度发生着渐变和突变。

大气是包围在地球最外面的圈层，是由气体和气溶胶颗粒物组成的复杂的流体系统，大气质量的90%集中在距地面15 km的薄层之内，向上逐渐稀薄。

空气具有一切自然资源所共有的特性，它是一种不可或缺的可更新资源，其中丰富的 N_2、O_2 对生物的发育、生长不可或缺，O_3 和 CO_2 的含量虽少，但与人-地复合系统的兴衰关系密切。若没有高空臭氧层的保护，下垫面可能受到过量太阳紫外辐射；CO_2 则与植物的生产和全球气候变化息息相关。当前大气的组成在很大程度上是地球生命发展和进化的产物。大气中的 O_2 含量、N_2 含量、O_2 的产生与维持及 CO_2 浓度等，都与生命过程密切相关。自然原因和人为原因导致的大气成分和性状变化，使得进入地-气系统的太阳辐射在总量和各光波波段上的分量都发生了变化。它不仅调控着气候过程，而且调控着生命的生物、化学过程。

2001 年，由世界气象组织和联合国环境署（UNEP）共同组建的联合国政府间气候变化专门委员会（IPCC）3000 多位科学家共同完成的第三次评估报告表明，在过去的 20 世纪，全球地表平均气温增加了（0.6 ± 0.2）℃；北半球陆地降水增加了 5% ～ 10%、洪水和干旱的频率和强度增加；全球平均海平面每年上升 1 ～ 2 mm，非极地冰川大范围缩小，雪盖面积下降，永久性冻土退化；厄尔尼诺事件更频繁和强烈；动植物的生长范围向高海拔移动，它们的生长周期和习性也随之变化。到 21 世纪末，全球地表平均气温将增加 1.4 ～ 5.8 ℃，海平面将上升 9 ～ 88 cm。尽管在区域尺度上，这种预测的可信度还比较低，存在较大的不确定性，但是人们不能忽视气候变化对人类社会、自然环境和经济发展的潜在的巨大影响。全球气候变暖及暴雨洪水、干旱、飓风、海啸等极端事件的频繁发生使人们逐步认识到气候确实在变化。

全球气候变化将导致更加活跃的水分循环，产生的影响将是全球范围或轻或重的干旱或洪涝灾害、全球平均降水量和蒸发量的变化、海平面上升及海水入侵等，这些变化将对全球淡水资源产生相应的影响，改变淡水的供需关系和水质。联合国政府间气候变化专门委员会在第三次评估报告中论述了气候变化对全球水文循环和水资源的影响。例如：

非洲：人口增长和水质退化威胁着非洲大多数地区的用水安全，同时，全球变暖很可能进一步加剧非洲半湿润地区的水源匮缺。气候变暖将降低半湿润地区的土壤湿度和减少径流。降水量的变化和土地利用的加强将加剧荒漠化进程。荒漠化将会因西非撒哈拉、北部非洲、南部非洲国家的平均年降水量、径流量和土壤湿度的减少而加剧（中等可信度）。干旱和其他极端事件的增加可能会增加对水资源、食物安全和人类健康的胁迫，制约该地区的发展（高可信度）。

水文与水资源管理

亚洲：淡水的有效供给对气候变化高度脆弱（高可信度）。冬夏季亚洲北部的地表径流量将显著增加（中等可信度）。在用水量超过潜在可用水资源总量20%的国家，水资源短缺可能会因气候变化而加剧。干旱区和半干旱区的地表径流量会急剧下降，水资源利用率可能会降低，夏季土壤湿度的降低将会加剧干旱和半干旱地区的土地退化和沙漠化。气候变化将改变径流量及其在年内的季节分配。在南亚和东南亚许多国家，水会变成最紧缺的日用品。城市人口数量和人口密度的增加都会给水的可利用程度和水质带来压力。

澳大利亚和新西兰：由厄尔尼诺和南方涛动（ENSO）引起的年际波动将导致澳大利亚和新西兰出现严重的洪涝和干旱灾害。由于温室气体排放量的增加，预计这种变化还会持续，并可能伴随着更大的水文极端事件出现。

由于预测的许多区域干燥趋势和更多类似厄尔尼诺事件状态的变化，水很可能会成为一个关键问题（高可信度）。水质会受到影响，而更强的降水事件会增加快速径流、土壤侵蚀、冲积物的载荷。在澳大利亚，富营养化是一个长期和普遍的问题。

解决水资源问题在一些地区早已相当紧迫，因此水资源是非常脆弱的，特别在盐碱化方面（澳大利亚的部分地区），以及农业、电力、城市和环境用水对水源供应的竞争上（高可信度）。在许多地区地表蒸发增强及降雨可能减少都会对水的供应、农业以及澳大利亚和新西兰部分地区关键物种的生存与繁殖有不利的影响（中等可信度）。

欧洲：目前欧洲的水资源及其管理正在承受压力，气候变化会加剧这种压力（高可信度）。水资源短缺的风险会增加，特别是欧洲南部（中等可信度），气候变化可能加大欧洲南北部水资源的差异（高可信度）。在欧洲南部，夏季径流、水利用率和土壤湿度很可能降低，除了融雪洪峰减弱的地区外，在欧洲大部分地区洪灾将增加（中等可信度）；洪水将增加沿海地区受到侵蚀和导致湿地减少的巨大风险。一半的高山冰川和大量永久冻土地区在21世纪末期将消失（中等可信度）。

南美洲：在南美洲有确切证据表明冰河在过去几十年中已经退缩了，高山地区气候变暖导致了重要的雪山和冰面溶解消失（中等可信度），这些可对径流量和供水水源造成不利影响，因为该地区的融雪是一个重要的水源（高可信度），将有可能影响高山体育运动和旅游。这种气候变暖的趋势将影响河水在灌溉、发电及航运方面的效能。随着极端降水量和干湿期分布的变化，水文循环可能会更加剧烈。在过去10年，墨西哥频繁的严重干旱事件与模型研究结果一致。厄尔尼诺与巴西东北部、亚马孙河北部地区和秘鲁－玻利维亚高原状盆地的干燥状态有关。巴西南部和秘鲁西北部显示出不规则的湿润状态。

北美洲：由于降雨的不确定性，对北美年总径流量的变化还很难有一致的认识。从模拟结果看出，在大多数情景下，会导致最大的湖——圣劳伦斯湖系统的水位和径流量降低（中等可信度）。暴雨事件增加将带来大量的泥沙沉积及非点源污染聚集于河流（中等可信度）。另外，在以季节性融雪为重要水资源的地区（如哥伦比亚河流域的加利福尼亚州），增暖似乎会导致径流量的季节性转变，冬季的径流量会增长，而夏季的径流量会减少（高可信度）。这可能对进入和流出河流的夏季水的质量和利用率造成不利影响（中等可信度）。适应性的响应措施可能会抵消一部分对水资源和水生态系统的影响，但不是全部（中等可信度）。

小岛国：水资源和农业是非常重要的问题，因为大多数小岛国只有有限的耕地和水资源。气候变化对水平衡的影响是非常脆弱的（高可信度）。社区依赖于集水区的雨水和极为有限的淡水。种植业主要靠近沿海，低洼小岛和珊瑚礁岛更是如此。由于海平面上升，地下水位和土壤盐渍化的改变将对当地许多主食作物产生很大影响。

近年来，除了联合国政府间气候变化专门委员会的研究之外，世界上还有许多科学家对气候变化对水资源的影响给予了高度关注。例如，美国普林斯顿大学的真锅淑郎（Syukuro Manabe）等人于 2004 年报告了他们的研究成果。他们用物理模型模拟地球气候，假定未来 300 年内，大气中二氧化碳水平将比工业化之前上升 4 倍，并在模型中考虑了气温升高、水蒸气、云层、太阳辐射和臭氧水平等因素，由此预测出气候变化对蒸发量和降水量的影响。研究认为，蒸发量和降水量都会增长，这会引起全球的淡水径流量增长 15%。但是，水在那些本来就很富余的地方会更充足，而在那些人口稠密地区的供应量则会下降。"对于那些相对干旱的地区而言，供水压力会更大"，虽然这一研究比大多数的气候模型走得都更远，但研究者强调，如果各国政府不采取有效措施来限制温室气体的排放，模型所预测的前景将难以避免。

真锅淑郎指出，蒸发将进一步加剧一些半干旱地区土壤水分的流失，这些地区包括中国的东北部、非洲草原、地中海地区和澳大利亚南海岸和西海岸。此外，美国南部一些州的土壤湿度将降低约 40%。

气候变化对于全球河流径流量的影响也是显著的。可是，与人们期望的相反，河流径流量大幅度增加将出现在那些人烟稀少的热带地区及加拿大和俄罗斯的极北地区。到 23 世纪末，西伯利亚的鄂毕河径流量将增加 42%。加拿大育空河径流量将增加 47%。与此同时，很多中纬度的河流将面临径流量减少的局面，而这些河流正是人口稠密地区的重要经济支柱。这些径流量将减少的河流包括密西西比河、湄公河和尼罗河，其中尼罗河的径流量将下降 18%。

针对这一研究的某些方面，业界也存在争议。英国的气候模型专家预测认为，亚马孙河的径流量将在 21 世纪出现下降，而真锅淑郎的模型预测其径流量将因为降水增加而上升 23%。此外，真锅淑郎预测印度恒河和中国雅鲁藏布江的水量将上升 49%，而另外一项国际研究认为，恒河将随着上游冰川的融化而径流量减少。而法国国家科学研究中心的科学家戴维·拉巴特（David Labat）等人指出，真锅淑郎的这些预测其实已经开始部分变为现实。在过去的 100 多年间，气候变化已经对世界上一些大河的径流量产生了影响。戴维·拉巴特等人重新修正了世界上 200 多条大型河流 1875 年以来的月流量变化数据，并使用统计方法弥补了数据缺失造成的空白。

研究结果表明，全球温度的变化对河流径流量的影响将滞后 15 年出现，而且全球气温每上升 1 ℃，河流流量将上升 4%。此外，气候变化在过去的几十年中，已经造成了北美、南美以及亚洲的河流径流量增加，欧洲的河流径流量基本保持稳定，但是非洲的河流径流量则出现了明显的下降。

全球气候变暖已经是地球未来不可逆转的趋势，地球会逐渐变得越来越热，从 2021 年开始到 2022 年 3 月份，地球气候和温度的异常让人们感觉措手不及。首先从全球各国温度变化来看，从 2021 年 6 月份开始，美国西北部和加拿大西部各地区，因为受到高温穹顶的影响，各地气温急剧上升，多地气温已经刷新了本地以往多年最高气温的纪录。比如，加拿大不列颠哥伦比亚省莱顿镇，2021 年 6 月初最高气温就已经达到了 49.6 ℃左右，比以往高出 10 ～ 15 ℃左右。而在美国拉斯维加斯和华盛顿等地，气温将近达到了 47 ℃，据当地媒体表示，这是距今一百多年以来最热的六月份了。而美国和加拿大各地也因为受到极高温的影响，造成了各地干旱、用水用电非常困难和森林火灾频发，据相关报道称，已经有超过 500 多人死亡，1000 多人需要紧急就医，而这样的高温一直持续了将近一周左右才开始缓解下来。

我国科学家也对气候变化对我国水文循环和水资源的影响进行了深入的研究，并且取得了丰硕的成果。

由于我国地处东亚季风区，降水量的年内时程分配和年际变化较大，且空间分配极不均匀，极端气候异常事件频繁，使我国成为世界上干旱与洪涝灾害多发的国家之一。全球气候变化导致全球水文循环加剧，也对我国区域水资源产生了一定的影响。以下简要介绍我国在这一领域的主要研究成果。

气候变化在过去几十年中已经引起了我国水文循环的变化。对我国六大江河主要控制站的实测径流资料的分析表明,近 40 年来六大江河的实测径流量都呈下降趋势。下降幅度最大的是海河流域的黄壁庄,递减率达 36.64%/10年;其次为淮河的三河闸,递减率为 26.95%/10 年;再次为淮河的蚌埠和黄河的花园口,递减率分别为 6.73%/10 年和 5.70%/10 年,下降幅度最小的是珠江,递减率为 0.96%/10 年。这说明人口增长及社会经济发展引起的用水量的增加使得江河的径流量在不断减少。气候变化与人类活动共同影响最大的是海河,其次为淮河,再次为黄河、松花江,影响最小的是长江和珠江。

受气候变化的影响,我国干旱洪涝等极端水文事件频繁发生。20 世纪 80年代,华北地区持续偏旱,京津地区、海滦河流域、山东半岛连续 10 多年的平均年降水量偏少 10% ~ 15%。1980—1989 年海滦河流域地表平均径流量仅155 亿 m^3,比 1956—1979 年的 288 亿 m^3,减少了 46.2%。进入 90 年代,干旱区继续向西南方向扩展,黄河中上游地区(陕甘宁)、汉江流域、淮河上游、四川盆地 1990—1998 年的平均年降水量偏少 5% ~ 10%,气温偏高 0.3 ~ 0.8℃,黄河利津站以上同期平均来水量约 211 亿立方米,偏少 32%。北方缺水地区持续枯水期的出现,以及黄河、淮河、海河和汉江同时遭遇枯水期等不利因素的影响,加剧了北方水资源供需失衡的矛盾。

与此同时,我国南方,尤其是长江流域,洪涝灾害频繁发生。特别是进入20 世纪 90 年代以来,多次发生流域性或区域性大洪水。1991 年淮河发生大洪水,1994 年、1996 年洞庭湖水系发生大洪水,1995 年鄱阳湖水系发生大洪水,1998 年长江发生仅次于 1954 年的全流域性大洪水,珠江、松花江也发生超过历史纪录的大洪水,1999 年太湖流域发生超过历史纪录的大洪水,2003 年淮河发生仅次于 1954 年的流域性大洪水。

我国科学家多年用大气环流模型进行研究,结果表明:

①淮河流域及其以北为水资源对气候变化最敏感的地区,根据平衡的大气环流模型,当气候情景 Δt(气温变化幅度)为 1 ~ 1.4℃时,降水减少3% ~ 6%,淮河以北年径流量变幅为 -16% ~ 17%,长江以南为 -8% ~ 8%。

②在降水量减少 4%、温度升高 1 ~ 1.4℃或降水量增加 3% ~ 8%、温度升高 0.7 ~ 1℃时可能出现干旱的水文情势。

③气温升高 1℃,农业灌溉用水量增加 10%。

④径流的增加或减少主要发生在汛期(5 ~ 9 月)。

⑤随着气候变暖、水文循环的加强,洪水及干旱的水文极端事件的发生频次将递增。

进一步分析表明：未来 50～100 年，我国年平均温度与平均年降水量较基准情景年（1961—1990 年）均有所增加，但年平均径流量在北方部分省份（宁夏、甘肃、陕西、山西、河北等）减少明显，在南方部分省份（湖北、湖南、江西、福建、广西、广东、云南等）增加显著。这说明气候变化将可能增加我国洪涝和干旱灾害发生的概率，进一步加剧我国北旱南涝的现状。特别是黄河、淮河、海河流域所面临的水资源短缺问题以及长江中下游和珠江流域的洪涝问题难以从气候变化的角度得以缓解，反而会有一定程度的加剧。

在我国各部门用水中，农业灌溉用水最多，占总用水量的 77%～91%；工业用水次之，大部分地区占总用水量的 6%～19%；生活用水最小，仅为 3%～6%。气候变化对各部门的用水亦将产生影响，结果表明：在气候变化的情景下，用于农业灌溉的年耗水量将有不同程度的增大，如天津、唐山地区增加 2.8 亿～6.3 亿 m^3，黄河的兰州至河口镇增加 11.9 亿～12.7 亿 m^3，黄河下游区增加 17 亿～22 亿 m^3，虽然其相对增幅不大，仅为 6.4%～15%，但由于农业用水为大户，增加的水量不小，加剧了水资源的短缺。

黄、淮、海河的缺水主要发生在春、夏、秋三季，尤其以夏季最为显著。气温升高、蒸发加大为共同的因素。松花江、辽河、东江径流增加主要发生在春、夏、秋三季，并主要由降水增加引起，前者对水库蓄水不利，后者对防洪不利。黄河流域径流量将减少 2.1%，沙量增加 4.6%。气候变暖可能造成 2030 年的缺水量（平年—枯水年）：京津唐地区为 1.5 亿～14 亿 m^3，淮河蚌埠以上流域为 1 亿～35 亿 m^3，黄河为 21 亿～130 亿 m^3，东江流域为 12 亿～19 亿 m^3。

由以上所述可以看出，气候变化对全球水资源系统的影响主要有以下几点：

①一些地区出现径流量明显增加或减少的趋势。气候变化对径流量的影响在不同地区是不同的，主要依靠降水变化情况而定。径流量在高纬度地区和南亚地区增加，在中亚、地中海和南部非洲地区降低，这与气候模型预测结果一致。而对于另外一些地区，有人说径流量会增加，也有人说会减少，这显然是由于研究方法的不同，加之影响因素太多（如记录时间短和其他非气候变化因素等），现在还难以下定论，因此，判定是气候变化导致径流量变化趋势的可信度还比较低。

②在降雪作为水分平衡中重要组成部分的地区，河水流量的高峰期由春季转为冬季。由于气候变暖，气温升高，欧洲、南美洲及其他地区的冰川退缩、雪山和冰面消融、河流径流量峰值由春季变为冬季。如果气温继续升高，冰川将继续退却，许多小冰川将会消失，冬季降水量更多以降雨的形式出现，而不

是像过去那样，在春季融化前以雪的形态储存在地面上。在特别寒冷的地区，由于气温升高，降水仍以降雪的形式出现，故地区径流量随时间的变化不大。径流量随时间变化最大的地区可能是在交错地带，包括中东欧、落基山脉南部，这些地方极小的增温都会大量减少降雪。

③水温升高一般造成水质变坏。径流量可以改变温度对水质的影响，径流量可以加剧温度对水质恶化的影响，但也可减轻温度对水质的影响，这取决于径流量是增加还是减少。在其他条件不变的情况下，水温升高改变了水体中的生物化学过程（一些使水质退化，一些有净化作用），更重要的是升温降低了水中溶解氧的浓度。在河流中，径流量增加可以抵消不利影响，稀释了各种化学成分。径流量减小，则使水中化学成分浓度增加。在湖泊中，径流量有可能抵消温度对水质的影响，也有可能加重温度对水质的影响。

④大部分地区洪水强度和频率可能会增加，一些地区枯水期径流量可能会减少。虽然对一些集水区径流量变化的预测可信度比较低，但国内外的大多数科学家都得出了相同的结论，不同气候情景预测的极端流量和流量变率的变化趋势是一致的。虽然降水变化的影响还依赖于集水区的其他一些特征，但预测的结果都是暴雨频率增加会引起地区洪水强度和频率的增加。枯水期径流量是降水量和蒸发量的函数。即使预测该地区的降水量增加或有很小变化，但如果预测蒸发量增加，枯水期的径流量也会进一步减少。未来，气候变化会进一步减少许多贫水国家的河水径流量和地下水回灌量，例如，中亚、南部非洲、地中海近邻国家。

⑤一般来说，随着人口增加和经济发展，发展中国家对水资源的需求量会增加，但发达国家对水资源需求量会趋于稳定或减少。气候变化可能降低一些贫水国家的可获水量，而使其他一些地区可获水量增加。气候变化对城市和工业用水的需求量不会有很大影响，但对灌溉用水量影响很大。对城市和工业部门，非气候因素将继续对供水需求有很大影响。然而灌溉用水主要由气象因子决定，在特定地区灌溉用水量无论是增多还是减少均取决于降水量的变化，温度升高和蒸发加剧，对灌溉用水的需求就会增大。

⑥气候变化对水资源的影响不仅取决于河流径流量和地下水补给量、雨水的时空分布和水质的变化，还取决于流域系统的特征、对流域系统产生水需求压力的变化、系统采取什么样的管理和措施适应气候变化。非气候变化因素可能比气候变化因素对水资源的影响更大。

众所周知，气候变化是由大气中二氧化碳等气体的浓度升高引起的，据美国里奇国家实验室的报告，自工业革命以来二氧化碳的浓度已增长了30%，甲烷增长了一倍，氮氧化物增长了 15%。二氧化碳、甲烷、氮氧化物都是能产生温室效应的气体，其浓度的增加导致气温升高。为了抑制温室效应，就必须要减少二氧化碳等有害气体的排放。各国政府历经八届会议，在 1997 年，终于形成了关于限制二氧化碳排放量的成文法案，这就是《联合国气候变化框架公约》。最终公约以当届大会举办地京都命名，故称《京都议定书》。《京都议定书》已于 2005 年 2 月正式生效，但令人遗憾的是，美国、加拿大均签署后又退出，致使《京都议定书》没能发挥应有的作用。除了通过减少温室气体的排放来抑制或减缓全球气候变化的措施之外，迄今为止，科学家们尚未找到其他办法来抑制全球气候变暖。也就是说，气候变化对全球水资源系统的总体影响尚未消除，而且这种影响将长期存在。要想从整体上抑制或消除气候变化对全球水资源系统的不良影响是不可能的，唯一可能的是采取各种工程的或非工程的措施来限制或消除气候变化对局部地区水资源系统的不良影响，提高水资源系统对气候变化的适应能力。

对于全球的大多数国家来说，水资源系统对气候胁迫十分脆弱。分析表明，其脆弱性有多方面原因。除了对气候变化敏感性较大外，还与资源、工程、社会经济发展程度、生态、科技及管理水平等因素密切相关。认识并揭示不同流域、地区水资源系统对洪涝、干旱、水资源短缺及水污染的脆弱性是制定应对气候变化策略的基础。

进一步分析表明，由于世界各国的基础设施建设、经济发展程度和科技管理水平不一样，各国对气候变化的适应能力差异很大。发达国家由于开发和兴建了大量坚固的基础设施（水库、大坝和堤防等工程），加上资金雄厚，科技管理水平较高，从而使得水资源系统应对气候变化的能力大大提高。例如，英国供水公司从 1997 年开始要求定期考虑气候变化对未来水资源的影响；美国水务工作联合会动员水利部门调查整个水资源系统对气候变化的脆弱性，以便制定措施应对气候变化的不良影响。而发展中国家虽然也有一定的水利基础设施，但布局不尽合理且不够完善，加上资金不足，科技管理水平不高，因此，与发达国家相比，水资源系统应对气候变化的能力就有较大的差距。而对于欠发达国家来说，情况就更糟，这类国家基础设施薄弱，资金短缺，科技管理水平落后，根本无力改善气候变化对水资源系统的不良影响。

（二）水资源总量有限

水资源总量有限并分布不均是自然现象。地球上陆地储水量为 0.48 亿 km^3，占地球总储水量的 3.5%。就是这样有限的水体也并不全是淡水，淡水量仅有

0.35 亿 km³，占陆地储水量的 73%，其中的 0.24 亿 km³，分布于冰川、多年积雪、两极和多年冻土中，现有技术条件很难利用。便于人类利用的水只有 0.1065 亿 km³，占淡水总量的 30.4%，仅占地球总储水量的 0.77%。根据水文循环和水量平衡原理，地球上任一地区在任一时期内的水资源总量是有限的。

（三）水资源分布不均

水资源在时空分布上也有很大差异。巴西、俄罗斯、中国、加拿大、美国、印尼、印度、哥伦比亚和扎伊尔等 9 个国家就占去了水资源总量的 60%，在中东、南非等地区水资源贫乏。在时间分配上，降水主要集中于少数丰水月份，而其他月份基本是少雨或无降水。空间或时间上的水资源分配不均，是干燥缺水和洪涝灾害形成的基本因素。

我国水资源总量相对比较丰富，但我国的人口基数和面积基数大，人均和单位面积上的水资源量均较小。我国所处的地理位置和特殊的地形、地貌、气候条件，导致水资源丰枯地区差异比较大。例如，我国水资源自然状况总体是南多北少，长江流域及其以南的珠江流域、浙闽台、西南诸河等四片，面积占全国的 36.5%，耕地占全国的 36%，水资源量却占全国总量的 81%。从全国来看，我国大部分地区冬春少雨、夏秋多雨。南方各省汛期一般为 5—8 月，降水量占全年的 60% ~ 70%，2/3 的水量以洪水和涝水形式排入海洋；而华北、西北和东北地区，年降水量集中在 6—9 月，占全年降水的 70% ~ 80%。这样集中降水又往往集中在几次比较大的暴雨中，极易造成洪涝灾害，给水资源的充分利用带来不便。

二、人类活动的影响

水是人类生命、生活、生产和生态之重要资源，人类活动与水资源密切相关。因此水资源的变化除受地面和大气界面上水分和能量的交换等因素影响以外，人类活动亦是十分重要的影响因素。如人口增加、经济增长、森林覆盖面积锐减、土地利用方式改变、城镇面积扩大、工业结构变化、农业生产方式和水工程的兴建等都会影响水文规律的变化，并影响不同区域、不同地点水资源的供需关系，从而引起水环境的变化，即人类活动影响水资源的形成和水资源使用等全过程。

人类活动对水资源的影响，自古以来不断发展，其影响程度逐渐增强，影响效果逐步显现。在古代，人类面临的问题偏重于干旱洪涝灾害等，此时一切活动都围绕其进行，大禹治水故事流传至今。随着人口不断增多、经济迅速发展，淡水相对于人的需求供给不足，此时，人类面临的问题除了干旱洪涝之外，增加了水资源短缺问题。为了增加水资源供给，人类加大了水资源开发力度，在一定程度上缓解了水资源的供需矛盾，但同时带来了生态与环境的恶化等新问题。人类目前面临着干旱洪涝灾害、水资源短缺、生态环境恶化等多重危害。

（一）人类活动与四次生存环境危机的递进过程

由于人类活动的影响，人类赖以生存的自然环境和社会环境不断发生变化，时而发生冲突，历史上，已引发四次大规模的生存环境危机。

人类与其他生命体的根本区别在于，人类是通过生产劳动来获得物质生产资料，实现自己与自然界的物质交换的。在人类的一切活动中物质生产活动是最核心的活动，也是与生存环境相互影响的重要原因。

在原始社会，人类为了生存，早期是依赖于周围的自然环境，并逐渐使用天然火来改变进食方式，烧熟的食物提高了食品的可消化性，降低了食物中毒发生的概率，促进了原始人类的发展和人口数量的增长。这时普遍引起原始部落原有生存环境内的食物资源相对不足，原始人类解决这一问题的方式是迁徙。当地球人口密度很小时，迁徙是恢复生存环境活力的有效方式，但随着人口的进一步增加，高频率的迁徙就变得越来越没有价值，这就出现了人类历史上真正的第一次生存环境危机，从而迫使人类寻找新的生存途径，原始工具的使用为人类解决第一次生存环境危机做出了巨大贡献。

随着原始工具的使用和采猎能力的不断增强，人类的食物供应有了进一步保障，这就促进了人类的交流和人口数量的进一步增长，大约在距今 1 万年前后，地球上人口数量已由 100 万年前的 12.5 万人增加至 500 万人，旧的采猎方法已无法获得更多的食物，于是出现了人类历史上第二次生存环境危机，这次生存环境危机的解决得益于农业的诞生。

在农业诞生后的最初 5000 余年时间里，农业经营方式主要停留在游耕农业阶段。随着医药和农业技术的进步，人口数量迅速增加，这时可供游耕的土地不断减少，不同部落和部落联盟之间争夺土地资源的矛盾日趋尖锐，不断引发大规模冲突。大约在距今 5000 余年前后进入第三次生存环境危机时期，这次生存环境危机的最终解决得益于金属工具的发明。人类逐步结束居无定所的生活方式，开始从事定居生活的传统农业生产。随着金属工具，特别是机械的使用和逐步完善，工业化进程加快。约在公元 1763 年，农业社会被工业社会所取代。

从 18 世纪 60 年代至今,人类社会已经经历了两次工业革命。蒸汽机的发明,既是第一次工业革命的标志,又是人类进入工业社会的标志。随着蒸汽机、电力等机械动力代替人力、自然力,大规模的工业体系开始形成,工业社会的发展依赖于资源(特别是不可再生资源和化石能源)的大规模消耗。在短短的 200 多年时间内,经济总量大幅度增加,世界人口不断膨胀,人类不仅需解决生存问题,还需努力提高生存水平,因此加大了向自然界的索取,其范围从生物资源到矿产资源再到生态资源,同时人工合成的各种有机物和其他生产废弃物使大气、水和土壤等污染加剧,导致能源、水资源等基本生活物质和生产资料短缺问题日趋严重,水土流失、荒漠化等生态问题日趋恶化,引发了第四次生存环境危机。

(二) 水资源与第四次生存环境危机关系

水圈是仅次于大气圈的广阔的生命维持系统。有机体本身大部分是由水构成的。植物和动物,包括人类的有机体在内,其组成至少有 60% 甚至高达 90% 以上都是水,水也是多种生物的栖息地。

水资源问题成为第四次生存环境危机的关键还与水资源的属性相关。水虽是非耗竭性资源,但是易误用、易污染的资源。自从地球相继产生水和诞生人类以后,水发挥着生命资源、生活资源、生产资源和生态资源等作用,当生产力不发达、人口规模较小时,水足以维持人们正常的生产和生活,其"不可替代性""有限性""稀缺性"等资源属性呈"隐形"状态,而未被人们所关注。

人类活动的影响主要包括三个方面:一是由于人口的增加、生活水平的提高、经济和社会的发展,使水资源需要量增加;二是由于生活、生产污染水源加剧,水资源可用量减少;三是浪费水资源现象严重,水资源无效使用量增加。现代工业生产以大量消耗能源和水为其特征,每生产 1 t 合成纤维需要 2500 ~ 5000 t 水,生产 1 t 铝比生产 1 t 钢需要多 15 倍以上的能源和 10 倍以上的水。目前,全世界每年在生产和生活方面对水的需求达 3500 km³,几乎占世界径流量的 1/10。

(三) 人类活动对水资源的影响

当代水资源问题的形成是由自然因素和人类社会活动共同作用的结果,人类活动在现代水问题中起着主导性作用。正如环保科学家保拉·迪萨多所言:"地质时期也曾发生过长期的干旱,但是自然界中的各种力量相互作用最终使生态达到了平衡。由此可以证明，我们现在遇到的问题是人为造成的后果，自然界本身没有错误。"

1. 人类的自然属性和社会属性

大约 100 万年前，人类脱离其他动物而诞生，人类的出现在一定程度上打乱了一般野生动物只能顺应自然条件求生存的规律。因为动物的活动只是纯粹的机体功能的活动，其方式是先天固有的，它只能靠原始兽性和本能的支配来满足自己的需要，而人类的活动则是靠后天习得的知识技能和集体的协作分工来进行生产劳动，靠理性调节来满足自己需要的活动，所以人类与动物具有不完全等同的自然属性。另外，人类的一切实践活动和行为都是直接或间接地通过社会的形式表现出来，比如：人类能制造、使用工具，进行生产劳动；在生产实践活动中结成一定的生产关系和社会关系。所以人类还具有社会属性。

2. 人类活动的作用

人类自诞生以来，不断争取生存条件，扩大生存空间，提高生存水平，利用自然，改造自然。人和自然之间相互作用，从和睦共处到生存环境危机的循环往复及一次次生存环境危机的最终解决，都得益于人类改造和适应自然生存环境的技术进步，也正是这些技术进步，一次又一次地把人类社会推向新的更高的发展阶段。

由此可见，人类活动的作用主要表现在两个方面。一是对自然环境的作用。从一开始人类活动就带有改造自然的意义，其中有的是成功的，但也有不少是失败的。大自然只是按客观自然规律办事，它不具有主观意志，人类虽是自然的产物，但人类的行为却受人类的主观意志影响，如果人类的主观意志合乎客观自然规律，就必然成功，反之，注定要失败。正是人类对自然逐步的改造，才使洪荒原野上出现了城镇、道路、农田、水库、大坝、矿山、工厂等人类社会的标志，所以人类活动对自然的作用表现为自然形态的改变。二是对社会经济形态的作用。社会的基本要素包括自然环境、人口因素、经济因素、政治因素及思想文化因素五大类。人类活动推动社会由低级向高级不断发展，其社会经济形态的变化主要表现在人口数量和质量不断增加，社会规范越来越完善，社会文化不断繁荣，物质生产越来越丰富，技术进步不断加快。人类社会从原始部落到今日的"地球村"，从单纯的谋生过程到今日的宇宙天地开发，都是人类活动促进社会经济形态发展的结果。

（1）人类活动的自然环境作用对水资源的影响

人类活动改变自然环境的作用显而易见，100 多万年以来，除地质方面的自然演变以外，人类活动已使原始荒野面目全非，现代都市、农村、牧场、工矿、楼宇比比皆是。人类活动对自然环境的改变，影响了水体的水量、水质、水能和运动规律，从 20 世纪特别是 20 世纪下半叶以来这类活动越来越普遍，规模越来越巨大，对水文水资源的影响越来越严重。

人类活动改变自然环境对水文水资源造成的影响主要分以下四类情况，简要分析如下：

第一，对大气循环的影响。由于大量动力燃料燃烧和人工热的排放，大气中 CO_2 浓度从 1860 年的 283 ppm 增加到目前的 370 ppm，根据实测和粗略估算，大气中 CO_2 含量每增加 20%，近地面气温可以增高 1～2℃，大气中 CO_2 含量如果达到现在含量的 4 倍，全球气温将升高 12℃。气候变暖，大气环流被扰乱，影响着下垫面的热量输送和水分循环。据研究，在未来气候变化情景下（2030 年），对于高纬度地区气候转温暖湿润，但是我国海河流域的京津唐地区水资源短缺将由当前的 1.6 亿 m^3 增加到 14.3 亿 m^3。淮河流域的短缺将由当前的 4.4 亿 m^3 增加到 35.4 亿 m^3，而黄河流域的短缺将由 1.9 亿 m^3 增加到 121.2 亿 m^3。

第二，对地表水量进行人为再分配。人类大量建造的水库、大坝、引水、围垦等水利工程，使水资源在时间和空间上发生变化以适应人类的用水要求，或削减洪峰流量，起防洪作用。据记载，世界上第一座水库诞生于 5000 年前的埃及，目前全世界建成的水库已能调节全球总径流的 1/10。调水工程的目的是将某些地区"过剩"的水资源引到另外一些缺水的地方去，调水工程越大，河中径流量减少就越多，美国加州北水南调工程对注入旧金山（San Francisco）湾区的河流径流量的影响，在 2020 年工程全部竣工后，使年径流量减少 90% 左右，几乎将原来的河流搬了家。

第三，侵害水体功能。一是兴建水利工程会对水体造成影响。拦河大坝使库区水深增加、流速减小、固体物质沉积、稀释扩散作用变弱，对于富营养水库，则有可能使水质变化。例如，灌溉工程引起河流盐化，美国格拉德河就是一个突出的例子。大型调水工程，使得注入河口的淡水减少，导致河口污染物浓度和盐度增加，咸淡水界面向陆地移动。二是大量排放废污水会侵害原水体。2018 年，世界废污水排放总量约为 4200 亿 m^3，另外每年还有大量工业及生活废弃物排入江河，水体污染加剧了水资源短缺的矛盾，已严重影响人类的生存、生产和生态安全。

第四，超采地下水资源。地下水是水资源的一种自然储备形式，一旦超量开采，首先是水位大幅度下降，形成地下水降落漏斗，并易引起地面发生沉降和塌陷，目前，全国已形成 56 个大型地下水降落漏斗，面积达 9 万 km^2，在上海、天津等城市，人为超采地下水引起的沉降速度或幅度，比自然背景要大数十倍至数百倍，而地下水补给过程十分缓慢，是一种难以更新的水资源。在沿海地区，随着地下水位长期降低，还会发生咸淡水界面向陆地一侧移动的现象，从而导致地下水水质恶化。

无限发展的人类社会与有限的自然生存环境不断冲突，并在发展中形成新的和谐关系。由于人类活动引发的以生活、生产和生态所需水资源短缺为特征的第四次生存环境危机，发生范围遍布全球，涉及自然与社会经济的更多领域和更深层次。这次危机的解决，仅有技术进步还不行，需要不同领域、不同方面和不同层面的共同努力。

（2）人类活动的社会经济形态作用对水资源的影响

根据人类活动的社会经济形态作用分析，对水资源的影响主要反映在人口数量和分布、经济总量和结构、社会规范体系、技术进步和文化等方面。

第一，人口数量和分布因素。世界上一定时间和空间的水资源自然分布是稳定的，人口越多，人均水资源则越少。100万年前全球人口为12.5万人，当今全球人口为60亿，人均水资源量数千倍地减少。另外，水资源量与人口数量的分布不对称，在全球或某一区域范围内都存在着水资源丰沛但人口稀少或水资源稀缺但人口稠密的现象。例如，在我国北京、天津、河北、河南、山西等区域范围内，大中城市众多，人口密度为全国平均数的3倍，但是，该区水资源量仅占全国的2.3%，人均水资源量不及全国的1/6，不及世界的1/24。

第二，经济总量和结构因素。物质生产活动是人类活动的核心内容，经济总量和结构是其集中反映，单位GDP值用水量是综合性指标。1997年，中国各地区的单位GDP用水量最低为529 m^3/万元（华北），最高为2054 m^3/万元（西北），因为西北地区工业不发达，以用水量大而经济产值相对较低的农业为主导产业，且农业用水的自身效益又很低，这是造成其GDP单位产值用水量居高的重要原因。1997年，中国平均单位GDP用水量为726 m^3/万元，1990年美国平均单位GDP用水量为177 m^3/万元（折合成人民币），同年日本平均单位GDP用水量仅为60 m^3/万元（折合成人民币），分别是中国当前水平的1/4和1/12。造成这种情况的主要原因是产业结构不同，1997年美国第一、第二、第三产业的GDP值比例大体是2.1∶31.4∶66.5，日本为2.7∶54.2∶52.1，而中国是18.7∶49.1∶32.2，中国第三产业所占比例比第二产业低，还有中国农业用水效率低，工业和城市用水重复利用率低，受这些原因的叠加影响，中国单位GDP用水量就高出发达国家数倍甚至十多倍。缓解中国水资源紧缺必须在调整产业结构和提高用水效率两方面双管齐下。

第三，社会规范体系因素。当人们开始生产所必需的物质生活资料时，就必须与他人合作和交往，社会交往的必然产物是各种各样的社会关系。当一种社会稳定下来，又会形成一套制约人们行为的规范，包括各类法律、法规、政治、体制、机制等。美国宾夕法尼亚大学的政治学家弗雷德里克·弗雷认为："水跟鱼或森林这样的可补偿的资源不同，从政治上说，水有4个主要特点：极端重要，缺乏，分配不均以及共享。因此与其他资源引起的类似冲突相比，水更可能引发流血冲突。"美国拉特格尔斯大学政治学教授弗兰克·费希尔曾说："以色列及其邻国发生争吵的核心问题是1亿立方米水。"人类活动中抢水、偷水、引水、蓄水、买水、卖水、节水、造水、污水、泄水等行为都与社会规范体系及其完善、严格程度等有着密切关系。

第四，技术进步与文化因素。水源和水资源有本质区别，地球上所有的气态、液态和固态天然水称为水源，具有"量"与"质"并可被人类利用的水源称为水资源，一部分不可以被利用的水源在经过适当的物质和知识资本作用后可转变为水资源。例如，南极的冰山，当经济和技术发展到一定阶段可以开发利用时，将成为水资源。又如，污水资源化技术和节污措施，都会增加水资源量和改善水资源质。

浪费水的现象加重了水资源短缺，例如我国全国农业用水占总用水量的85%，而其中农业灌溉因土渠防渗性能差，水的利用率仅为30%左右，与发达国家比较要低20%～50%，工业设备和工艺都落后，不仅耗水量大，而且水的重复利用率仅在30%左右。解决这些问题的根本途径在于发挥人的主观能动性，提高人类素质，营造珍惜每一滴水资源的文化氛围，通过节约用水等新的水观念和巧妙利用新技术相结合的办法，更加有效地清洁、消费现有的水。

三、人类活动对水资源影响的原理

（一）人类意识与行为关系

人类具有意识、意念、观念、认识、思想等，与皆限于脑内的凡此诸种相对应的，是导致人类行为的产生和改变。行为是一个目的的实现过程，即使没有成功，但整个过程，源于一个目的所驱动。然而人类行为中掺杂着极大比重的无目的成分。所以，行为本身不必是有目的的，或者换个等价的说法，不必是有意义的，或是盲目的躁动和无意义的妄为。"目的"这一机能，并非人类所独有，动物以欲望作为基础，也能够形成目的，从而导致其行为的规划和实施。当然人类也保留了这个以欲望为基础来形成目的的机制。所以，日常很大一部分目的，其实，都是来自欲望的进一步加工。同时，人类作为精神的动物，进一步发展了超越单纯欲望的目的形成机制，即精神性的目的，有时候甚至可以是反欲望的，这点有别于任何动物。例如平常称为品德、道德的东西，就是需要反欲望的。那么，在品德、道德范畴上形成的目的，自然就是已经超越了欲望的目的。因此行为的一部分，是无目的的，然后在有目的的行为当中，又有一部分掺杂着欲望驱动形成的目的。所以所谓的行为，真正能够贯彻我们的思想观念的部分，只占有一定的比重。目的，不仅可以借由欲望而形成，还可以借由高等精神而形成。因此，"目的"本身作为一种权能，只是属于行为实现当中的一个环节，你能够建立起一个清晰的目的，并不意味着，你能够清晰辨析这个目的的意义。反之，目的，是我们的意识得以实现的必要的权能：任何意识，只有在目的的驾驭之下，不管这个目的是事先呈现的，还是事后显现的，才能走向实现。

一个人群，共享某个价值标准，在一个人群里面形成一个共享的价值标准，显然是群体协同行为的必要条件。所以，品德其实是群体保持正常态势所必需的，是群体为每个个体所准备的，否则，就会受到教育的斥责和舆论的谴责。而所有品德都来自抽象，来自最早的道德家们基于对人际关系的理解而做的抽象。然后他们把这些抽象结果观念化，营造人类生长与成长的环境，让人们从小学习和接受。一切宗教及儒学也皆如此。所以，人之所以为人，很重要的一点，就是在群体里面，构筑了大量的抽象观念，借由对青少年的教育，借由社会环境的约束，使得人群中的个体，在面临问题时，得以有符合群体利益的反应。这一类抽象观念，被称为品德也好，称为个人修养也好，都是人群共同认可的价值观。对于一个有基本教养的人，当他处于一个群体环境中，生发出诸如嫉妒、厌烦、叛逆等类原始反应时，紧接着必然有这一类抽象观念，得以对自己进行制约和规范，否则，在一个群体中，一个违逆群体统一规则的人，一般都会陷入恐慌和无所适从。然而品德教育也好，修养教育也好，其效用是有限度的，常常是仅限于人际，而要达到个体内在的层面，常常很困难。例如，当你发现自己生发了嫉妒之心，你当下的反应一般就是认为嫉妒要不得。因此，你肯定会极力让这种嫉妒的心理不在任何行为当中表现出来，而仅仅闪烁于内心。也就是说，一般人所谓的品德也好，个人修养也好，常常只是体现在与人交往的行为层面，而在其内心层面则并未有足够的效果，其内心还是会有各种心理反应，正如人类有口头语言、肢体语言、心理语言等。所谓品德、修养，其有效性的程度，其实是源自这一类抽象本身的缺陷、这些观念的设计者，更多的是从人群的角度来设计这些观念的合理性，而不是更深地基于人性自我内在的角度的合理性。人们从小所受到的品德教育、个人修养教育，绝大多数的说理出发点，都是源自基于人群利益而预设的价值观。这样一个状态是必然的。因为，大多数人，其心智并不足以健全到对自我的足够尊严强度，对自我的足够完备的敏感性，使得其更加适宜于从人际或人群的角度予以教化。所以，庄子说，古之学者为己，这实际上从正反两面说明了这一点：广大的受教化者，最好是从群体的利益出发予以教育；少数的健全者，所谓学者，则必须基于自我，来获得个人修养。西方传统的主要说教、品德、个人修养之类的思想、观念，都是以基于"上帝"等群体角度的教育。但在东方的传统里面，针对个人自我的修行，则其第一步就是要求你以圣人、伟人为楷模塑造自我，回到本心。因为，源于自我的自觉行为，是比基于群体更高一层的抽象。

以上关于意识与行为之间的相互关系，目的、欲望、品德、道德修养和价值标准在个人行为与群体行动中的关系及其作用，深刻阐明了人类活动机理，由此可以深入理解人类活动影响资源与生存环境的客观原因。爱护自然与保护资源的意识和价值标准，对于个人行为和群体行动的引导与约束具有重要作用。在工业化进程中，不具人格的社会关系逐渐取代了血缘亲属的社会关系，因此，人类意识的引导、教育，行为过程的推进或约束，行为结果的推广与治理等愈显重要。

(二) 自然资源保护意识与行为影响典范

众所周知，美国历史上曾经有两位姓罗斯福的总统，一位是西奥多·罗斯福，另一位是富兰克林·罗斯福，后者是前者的远房侄子，人们通常称前者为老罗斯福，而称后者为小罗斯福。老罗斯福以美国总统职位史上创下许多美国之最而闻名于世。他是 20 世纪美国第一位总统，第一位把总统官邸定名为白宫的总统，第一位获得诺贝尔和平奖的总统。但老罗斯福最被人们长久怀念的，是他对自然资源保护所做的具有开拓性的贡献。美国研究老罗斯福的学者都一致认为，他对美国乃至世界最大的一个贡献就是大力倡导和推动自然资源保护运动。如果说杰斐逊是美国总统中第一位环境保护论者，那么老罗斯福就是第一位身体力行的自然环境保护主义者。他首次向国会提交的国情咨文中，就宣称美国人民面临的最大内政问题是森林和水源。在他的任期内，成功地保留了美国本土约100万 m^2 的森林与在阿拉斯加的3400万 m^2 的矿区。除此之外，他还通过演讲、开会、征集专家意见等方式，设计了规模宏伟的全国水土、能源、野生地带、国家公园等保护方案。

水文与水资源管理

老罗斯福之所以如此热衷于保护自然资源与环境，一方面与他个人的经历、爱好与思想认识有关，另一方面美国工业化进程中发生的资源与环境问题也向人们提出了这样的要求。

老罗斯福从小就对自然环境有着浓厚兴趣，阅读各种有关自然界的书籍，在他的书信、日记、笔记中记录着不少有关动物的资料与研究心得，他还收集了不少动物标本。在哈佛大学读书的时候，罗斯福决心当一名科学家，致力于自然史的研究。在那里，他接受了如动物学、植物学、比较解剖学、生理学和地质学等多门自然课程的正规教育和训练，并利用假期进行了大量野外考察。这种对自然的亲近及了解，为他日后保护自然资源与环境的活动奠定了基础。1884 年，罗斯福来到西部达科他州，在那里开始了两年半的牧场主生活。西部的生活经历不仅使罗斯福更加接近于自然，还使他对西部干旱缺水、土地投机盛行、土地荒弃现象以及农、牧场主的疾苦有了切实的了解。实际上，终其一生，老罗斯福对大自然都怀有特殊的感情，他对自然与人类的关系有着深刻的理解。另外，老罗斯福又是一位文化优越论者，对美国的未来与白种文明的前途极为重视，因而他总是把保护自然资源与子孙后代的繁荣与幸福联系在一起。他在纽约州长任内就开始重视对自然资源的保护，并推行了一系列具体措施。

老罗斯福在 1901—1909 年任美国总统，在他任职的年代，自然环境已开始向人们提出抗议。众所周知，美国的崛起在很大程度上得益于其得天独厚的自然资源。这个国家地域辽阔，地貌多样，物产丰富，正因为如此，在美国建国后的一个多世纪的时间里，许多人一直沉溺于美国资源无限、取之不尽、用之不竭的迷梦之中。他们无限度地开采自然资源，使得美国的森林锐减，水土流失严重，江河频频泛滥，土地不断荒芜，这给美国以后的发展蒙上了一层阴影。美国内战后，人口急剧增加，铁路、蒸汽轮船业与完全以自然资源为基础的基础工业迅速发展，对自然资源的使用、破坏速度进一步加快。19 世纪末期，铁路消耗木材年产量的 1/5 到 1/4，加上其他用途，以致当时美国林木年砍伐量约为年产量的 3 倍。砍伐森林、农耕与过度放牧造成森林植被和牧场植被被严重破坏。此外，人们的无知使美洲失去了对人类最有用的 5% 的鸟类和哺乳动物。美国还以极为浪费的方式开采与使用煤、金属、石油和天然气等矿藏。随着工业的发展和都市的兴起，生活垃圾、污水、工业废料、废气、废水造成环境污染，对人类本身的威胁越来越突出，已成为社会一大公害。

20 世纪初期，美国人对自然资源的破坏性利用毫无收敛，对此老罗斯福忧心忡忡。他批评那些只顾眼前利益而对自然资源进行无限开采的行为，谴责那些为了自身利益而不顾国家与国民利益的企业主和投机商，他把是否懂得保护自然资源作为衡量国民是否具有爱国主义精神与公民素质的重要标准。他将对自然资源的保护作为一项国策大力推行。1901 年 12 月，老罗斯福在提交国会的国情咨文里，提出了保护自然资源的原则和措施，主张保护森林，开发西部，通过合理开发利用来保护美国的自然资源。1907 年 12 月 3 日，老罗斯福在致国会的第七次咨文里系统阐述了其自然资源保护的思想。他认为："保护及适当利用我们的自然资源是一个根本问题，我们的国民生活中，几乎每一个问题都以它为基础……我们必须未雨绸缪，必须了解一个事实：浪费与破坏我们的资源，损耗与榨尽地力而不善加利用以增其效益，其结果终将损害我们子孙应享的繁荣。而这繁荣是我们原应将之扩大与发展以流传给他们的。"为未来的发展着想，为子孙后代的繁荣着想，这是老罗斯福自然资源保护思想的根本出发点。老罗斯福在 20 世纪初期就提出这样的思想，的确具有先见之明，对整个人类的发展具有重要的启发意义。在这篇咨文中，老罗斯福还提出了他一系列具体保护自然资源的思想。他提醒国民不要过度浪费矿藏等不可再生资源，他说："我们喜欢说我国的资源取之不尽、用之不竭，但情况并非如此。国家的矿藏如煤、铁、石油、天然气等是不能自行再生的，因此最后必将枯竭。"他认为土壤流失在当时的美国是所有的浪费中最严重的问题，而森林的保护或再植是防止这种损失最重要的手段。他说当时美国每年木材的消耗量是每年生长量的 3 倍，如果这一比率持续不变的话，美国的全部林木将在下一代用完，他提出应该将政府掌握的林地归国家所有。

老罗斯福在任期内发布了 300 多项行政命令，新建和扩建的国有森林比以前增加了 3 倍多，使美国的国有森林保留地达到 150 个。老罗斯福告诉别人说："每一个热爱自然的人，每一个欣赏野生环境的魅力与美丽的人，都应当与那些具有远见、希望保护我们森林的人们携手作战。"

老罗斯福还是继杰斐逊之后又一位重视保护与改善乡村环境的总统。他认为农业与生产粮食并不是农民生活的全部内容，乡村的利益首先是人的利益，因而有必要帮助农民寻求更美好的生活。他还派人到东部、南部与西部乡村去调查那里的情况，收集了大量第一手资料，为制定综合的环境保护政策提供了依据。此外，老罗斯福还很重视对矿产资源、野生动物及风景名胜的保护。他下令将 2630 亿 m^2 的矿产资源收归国有，不准私人开采，他主持建立了 53 个野生生物保护区，不准猎杀保护区内的任何动物。

老罗斯福的贡献不仅在于推行了一系列保护自然资源与环境的措施，更重要的是他对保护自然资源与环境事业的积极倡导，使得更多的人认识到这一事业的重要并投身其中。在他的倡导下，全国成立了许多自然资源保护协会，全国性的自然资源保护协会也于 1908 年成立。

老罗斯福在任职期间进行的对自然资源的保护措施是他政治生涯中闪光的一页。当时的人们这样评价他的这一功绩："当未来的历史学家在谈到西奥多·罗斯福时，可能会说他做了许多杰出的事情，但是最伟大的工作就是发动和实际开始了一场世界性的运动，以保留荒地，为人类挽救了各种可以单独作为和平、进步和幸福生活基础的事物。"也正由于他在这方面的伟大功绩，加上他作为美国进入 20 世纪的第一任总统，拉什莫尔峰总统群雕像中有了他的位置。

1972 年，美国波托马克协会、罗马俱乐部和麻省理工学院研究小组联合出版了《增长的极限》一书，该书英文版序中首先阐明，许多人相信，人类社会的未来进程，甚至人类社会的生存，也许就取决于世界对这些问题做出反应的速度和效率。然而，世界人口中只有一小部分关心对这些问题的理解，或寻求解决这些问题的办法。

人类所关心的事情的不同层次，包含空间和时间两个维度。人类所关心的每一件事，可在某些点上确定，其位置取决于它所包含的地理空间有多大和它在时间上的延续有多久。大多数人烦恼的事集中一起，对这些人来说，生活是困难的，人们几乎必须逐日把他们的全部努力都用于养活他们自己和他们的家庭，另外一些人思考的问题和行动，则在空间或时间轴上的更远位置，他们所察觉的压力不仅包括他们自己，而且包括他们所参与的共同体。他们采取的行动不是向未来延续几天，而是几周或者几年。个人在时间和空间上正确地观察事物相互关系的能力，取决于他的教养，他过去的经验，以及他在每个层次上面临的问题的紧迫性。大多数人在把他们所关心的事情伸展到较大领域里的问题之前，必须已经成功地解决了较小领域里的问题。一般来说，与问题有关的空间越大，时间越长，真正关心其解决办法的人数就越少。

第三章　水资源管理概论

第一节　水资源管理的内涵与范畴

世界各国在经济社会发展中都面临着缺水、水污染和洪涝灾害等水资源问题，尤其是在水资源的开发利用过程中所造成的一系列负面效应，使水资源问题对人类的生存发展构成越来越大的威胁。这促使人们在深刻反省自己对水资源的行为的同时，认识到必须强化对水资源的管理，提高开发利用水资源的水平和保护水资源的能力，这样才能保障经济社会实现健康持续发展。

水资源是生态环境中不可缺少的最活跃的要素，是人民生活和经济社会建设发展的基础性自然资源和战略性经济资源，水资源的拥有量是一个国家综合国力的重要组成部分，水资源的调控能力和使用效率反映一个国家的社会发展水平和科学技术水平，水资源的可持续利用管理是实现经济社会可持续发展的重要保证。因而水资源管理不仅涉及自然、社会、经济等方面，还与人类社会发展密切相关。

一、水资源管理的定义及特征

关于水资源管理，目前有多种界定，尚无明确公认的定义。为说明问题，以下摘录比较有代表性的几个相关定义。

《中国大百科全书：大气科学　海洋科学　水文科学》：水资源管理是指"水资源开发利用的组织、协调、监督和调度。运用行政、法律、经济、技术和教育等手段，组织各种社会力量开发水利和防治水害；协调社会经济发展与水资源开发利用之间的关系，处理各地区、各部门之间的用水矛盾；监督、限制不合理的开发水资源和危害水资源的行为；制定供水系统和水库工程的优化调度方案，科学分配水量"。

水文与水资源管理

联合国教科文组织（UNESCO）国际水文计划工程组（1996年）将可持续水资源管理定义为：支撑从现在到未来社会及其福利而不破坏它们赖以生存的水文循环及生态系统完整性的水的管理与使用。

国内学者贺伟程在《试论水资源的涵义和科学内容》一文中指出：为了保持水源的良性循环和长期开发利用，满足社会各部门用水量不断增长的需求，必须运用行政、法律、经济、技术和教育的手段，对水资源进行全面的管理。

国内学者冯尚友在《水资源持续利用与管理导论》一书中对水资源管理下的定义：为支持实现可持续发展战略目标，在水资源及水环境的开发、治理、保护、利用过程中，所进行的统筹规划、政策指导、组织实施、协调控制、监督检查等一系列规范性活动的总称。统筹规划是合理利用有限水资源的整体布局、全面策划的关键，政策指导是进行水事活动决策的规则和指南；组织实施是通过立法、行政、经济、技术和教育等形式组织社会力量，实施水资源开发利用的一系列活动实践；协调控制是处理好资源、环境与经济、社会发展之间的协同关系和水事活动之间的矛盾关系，控制好社会用水与供水的平衡和减轻水旱灾害损失的各种措施；监督检查则是不断提高水的利用率和执行正确方针政策的必需手段。

国内学者柯礼聘在《中国水利》一文中指出：水资源管理是人类社会及其政府对适应、利用、开发、保护水资源与防治水害活动的动态管理以及对水资源的权属管理，包括政府与水、社会与水、政府与人以及人与人之间的水事关系。对国际河流，水资源管理还包括相邻国家之间的水事关系。

国内学者任光照在《中国资源科学百科全书·水资源学》一书中指出：水资源管理是指水行政主管部门运用法律、行政、经济、技术等手段对水资源的分配、开发、利用、调度和保护进行管理，以求可持续地满足社会经济发展和改善环境对水的需求的各种活动的总称。

水资源管理是在水资源开发利用与保护的实践中产生，并在实践中不断发展起来的。随着水资源及其环境问题对经济、社会及生态系统构成的潜在影响越来越大，水资源管理也在逐步深化发展，各时期对水资源管理的认识必然存在一定的差异。通常水资源管理主要考虑的准则是经济效益、技术效率、实施的可靠性，并将满足日渐增长的需水要求和经济效益的可行性作为管理的目标。随着可持续发展思想被人们越来越广泛地接受，水资源可持续开发利用已成为普遍认可的管理准则。因而，现代水资源管理要求在开发利用中：首先应注重水资源及其环境的承载能力，遵循水资源系统的自然循环规律，提高水资源开发利用的效率；其次应优化配置水资源，在保障经济社会与水资源利用协调发展的过程中，维护水资源系统在时间与空间上的动态连续性，使今天的开发利用不致损害后代的开发利用能力，地区间乃至国家间开发利用水资源应享有平等的权利，并将保证基本生活用水的要求当作人类的基本生存权利；最后应运用现代科学技术和管理理论，在提高开发利用水平的同时，强化对水资源经济的管理，尤其是发挥政府宏观管理与市场调节的职能作用。

基于上述考虑可对水资源管理做如下界定：依据水资源环境承载能力，遵循水资源系统自然循环功能，按照经济社会规律和生态环境规律，运用法规、行政、经济、技术、教育等手段，通过全面系统地规划、优化配置水资源，对人们的涉水行为进行调整与控制，保障水资源开发利用与经济社会和谐持续发展。

对水资源管理进行准确定义，无论是对水资源管理工作的开展，还是对水资源管理体制的改革和建立符合社会主义市场经济的水资源管理体制、制度和运作机制都是必需的。但是，由于水资源管理是一项涉及面广、内容复杂、影响因素多的工作，对其的认识随着时代的发展而不断提高，要想给出一个完整的、经得住实践考验、被大家接受的定义是比较困难的。无论如何，对水资源管理的定义应有利于水资源管理的研究和实践，只有讲清什么是水资源管理，才有利于水资源管理工作的开展。

二、水资源管理系统的特征

随着社会经济的发展，世界各国对水资源的依赖性增强，对水资源管理的要求越来越高。各个国家不同时期的水资源管理与其社会经济发展水平和水资源开发利用水平密切相关；同时，世界各国由于政治、社会、宗教、自然地理条件和文化素质水平、生产水平及历史习惯等不同，其水资源管理的目标、内容和形式也不可能一致。但是，水资源管理目标的确定都与当地国民经济发展目标和生态环境控制目标相适应，不仅要考虑自然资源条件及生态环境改善，还要充分考虑经济承受能力。从水资源与人、与社会经济、与资源环境的关系及其管理视觉考虑，可将水资源管理系统的特征归纳为以下几点。

（一）耦合性

通常所说的系统是由相互作用和相互依赖的若干组成部分结合成的具有特定功能的有机整体。一个水资源系统通常由天然水资源系统（系统边界内的地貌、地质、河系、降水、径流等可归为由水文循环组成）和人类活动系统（水库、水电站、灌区、引水、提水、抽水或输水工程、运河、堤防、分洪闸、城市供水工程及机电排灌站、渔业和娱乐等）所组成。维持天然水资源系统的整体性和连续性是水资源系统可持续利用的基础。人类活动影响天然水资源系统，这种影响是人类生存和经济社会建设发展必需的。其影响结果可能出现的情况：一是没有损害天然系统原有的功能，如在水资源环境承载能力限度以内，合理开发利用水资源；二是损害了天然系统的功能，如无节制蓄水筑坝、引水等使下游河道枯竭，过量抽取地下水使含水层受到破坏、地面下陷、碱水扩散等；三是通过人类活动改善了天然水资源系统，使其恢复或产生有利的环境、生态生机，如对盐碱地区的地下水进行调控等。水资源管理就是要维护和促进第一、三种情况的产生，避免第二种情况的发生，通过影响人类活动，来减少对自然水资源系统的副作用和使自然灾害造成的经济社会损失降到最低。因而水资源管理系统表现出极强的自然系统与人类系统相耦合的特征，或称为相结合的特征。

（二）整体性

整体效应的概念出自著名的贝塔朗菲定律——整体大于各部分的总和。也就是说，系统的整体功能大于各组成部分的功能之和，即"1+1>2"效应。这一效应说明系统内部各部分之和在功能上发生了质变。系统的整体性特征追求的就是"1+1>2"的整体效应。在水资源管理中，它启发管理者重视水资源管理系统的整体效应，在进行决策和处理管理问题时应以系统整体效应为重，从系统整体功能角度分析系统内部各部分之间相互联系、相互激励和相互制约的关系，从整体出发协调好要素之间的关系，做到子系统的目标服从于大系统整体目标的实现。例如，就一国水资源管理系统来讲，地方（某一行政区域）应服从流域、流域服从全国；就开发利用一定范围水资源来讲，各项兴利和除害措施应统筹规划安排，以发挥水资源系统的最大综合功能；就某一范围水资源管理来讲，在服从更高一级水资源管理目标前提下，各项水资源管理的法规、行政、技术、经济、教育等措施应协调，以促进提高水资源管理系统的整体效应。一个完善有效的水资源管理系统必须保持天然水资源系统的整体性和影响，控制与水相关的人类活动，并使管理工作在整体上富有成效。

（三）层次性

系统的层次性特征要求明确划分管理的层次，各管理层要明确自己相应的职责与权力。同时按照等级原则，管理系统内的职权和责任应按照明确而连续不断的系统性要求，从最高管理层一直贯穿到组织的最低层，即要做到责权分明、分级管理。

水资源管理系统具有十分明显的层次性结构特征，在管理上的要求体现为设计管理结构（包括组织结构、权属及权责结构、工作内容和任务结构）时应建立适应系统有效运行的体系，在纵向上划清管理的层次、在横向上划分管理的部门，以体现管理大系统中各个子系统之间的相互关系。

我国第一部管理水事活动的法律是 1988 年颁布的《中华人民共和国水法》（以下简称《水法》）。《水法》第九条规定："国家对水资源实行统一管理与分级、分部门管理相结合的制度。国务院水行政主管部门负责全国水资源的统一管理工作。国务院其他有关部门按照国务院规定的职责分工，协同国务院水行政主管部门，负责有关水资源的管理工作。县级以上地方人民政府水行政主管部门和其他有关部门，按照同级人民政府规定的职责分工，负责有关的水资源管理工作。"实践证明，分部门管理的结果常常是谁都在管但谁都不管，使国家统一管理水资源的政策失效。

2002 年 8 月 29 日第九届全国人民代表大会常务委员会第二十九次会议对《水法》进行了修订，在水资源管理体制的层次性设计上，进行了责权的重新分工："国务院水行政主管部门负责全国水资源的统一管理和监督工作"，"国务院有关部门按照职责分工，负责水资源开发、利用、节约和保护的有关工作"。从而将水资源权属管理与开发利用管理分开，开发利用管理服从权属管理。这样的管理体制设计，不仅符合水资源管理的社会实践要求，也符合管理系统设计的一般原则和公共原则。

水资源管理系统是一个多层次的多元结构，涉及各级政府和多个部门，实行统一管理与分级管理相结合的制度，是由水资源的客观规律所决定的，是由我国国情所决定的。对于如何理解《水法》所规定的水资源管理体制，1987 年 11 月 16 日，水利电力部钱正英部长受国务院委托在第六届全国人大常委会第二十三次会议上对《水法》所作的"关于《中华人民共和国水法（草案）》的说明"中，对《水法》第九条做了正式说明，即"在水的立法、规划、调配和其他重要的水行政管理工作统一的前提下，实行从中央到地方分级负责。在各级人民政府领导下，必须统一管理的水事，由水行政主管部门管理；其他水事，则按照各级政府规定的部门职责分工，由有关部门管理"。该说明的基本点应是，重要水事由水行政主管部门统一管理；在统管的前提下实行分级、分部门负责。分级、分部门管理并非水资源的分割管理，而是水事管理工作中的分工负责。

（四）动态性

水资源管理的各项水事活动与生态环境、经济社会紧密联系，对水资源管理的认识随着社会发展和科技进步而不断深化提高，表现出较强的社会属性、时代属性及科技、理论水平进步的动态性特征，每一时期的水资源管理体制、运作机制、原则、内容与方法无不留下时代的烙印。

随着社会生产力和科技水平的长足发展，自然系统人工化、人工系统经济化的趋势明显增加，系统结构与功能开始复杂多样化，水利的开发利用程度有所提高，大力促进了社会经济的发展。我国在 20 世纪 80 年代以前，水利建设的特点是兴建大量的水库、农田供水工程，人们从思想到行动的重点都放在"水利是农业的命脉"上。从总体看，我国经济建设对水的需求，相对于水资源及环境的承载能力、工程供水能力，除个别较大城市发生临时性缺水现象外，缺水多表现为农业季节性供水不足，整个经济建设用水，尚处于供大于需，或供需基本持平状况。水资源管理体制处于分散状态，"多龙管水"现象突出，水资源管理法规建设薄弱。

进入 20 世纪 80 年代后，我国经济建设处于腾飞时期，经济高速发展，城市化进程非常快，为满足城市化和人口发展的用水需求，水资源开发力度和规模不断强化和扩大，有力地保障了经济社会建设发展的用水需求。但是，在满足日益增长的用水需求的同时，由于对水资源的掠夺性开发造成大面积地下水降落漏斗、地面沉陷、河湖干枯、水源污染等一系列水文地质环境问题，水事矛盾层出不穷。国家和各级政府部门迫切需要解决的问题是有多少水、缺水怎么办，这就需要加强对水资源的评价规划、调度运用、管理等工作。国家颁布了《水法》等一系列管理法规，使水资源管理基本走上依法治水的道路。但在管理体制上的"多龙管水"局面没能得到改善，妨碍了水资源的优化配置、管理保护以及可持续开发利用的能力建设，缺水和水环境污染局势呈现越来越严重的局面，威胁到人民生活和经济社会的可持续发展。

进入 20 世纪 90 年代后，水日益成为制约经济社会建设与发展的重要因素，摆在我们面前的三大水问题日益严峻。一是水多，我国历来是个洪涝灾害频发的国家，洪水的威胁和洪涝灾害的发生是常年性的；二是水少，干旱缺水，以及由于经济、人口、城市化的迅速发展，缺水困扰着我们，成为制约经济社会持续发展的瓶颈；三是水污染严重，由于对水资源的开发、利用、管理不善、掠夺开采、粗放管理、随意排放，破坏了水环境，也进一步加剧了缺水。水情的变化，生产的发展，人口的增长和聚集，社会关系的多元化，水利行业职能的转变和社会综合功能的日益突出，都要求革新水资源管理体制，人们认识到传统的通过资源的高消耗追求经济数量增长的模式已不适合现在和未来发展的要求，必须寻找一条人口、经济、社会、资源、环境相互和谐发展的道路，即通过有效的水资源管理，实现水资源的可持续利用。国家逐步确立了以水行政主管部门统一管理水资源的体制，并以《水法》为水资源管理的根本大法，颁布了《中华人民共和国环境保护法》（以下简称《环境保护法》）、《中华人民共和国水污染防治法》（以下简称《水污染防治法》）、《中华人民共和国水土保持法》（以下简称《水土保持法》）、《中华人民共和国防洪法》、《取水许可和水资源费征收管理条例》及《取水许可管理办法》等一系列法律法规和规范，深化拓展了水资源依法管理的内容，整理规范了水资源管理秩序和各项水事活动。

水资源管理随着人类开发利用水资源活动而产生，并随着人类开发利用水资源活动的日渐频繁，以及生活和经济社会依赖水资源而发展的程度日益加深而不断革新和发展，不同时期水资源管理的体制、内容、运作方式和追求的目标呈现出较强的动态性特征。只有把握不同时期水资源管理的这种动态性特征，才能解决在不同时期水与经济建设、与资源环境出现的矛盾及问题，妥善处理各项涉水事务，摆正经济社会发展与水资源环境协调共处的辩证关系。

第二节　水资源管理的目标与原则

一、水资源管理的目标

水资源管理的目标可概括为：改革水资源管理体制，建立权威、高效、协调的水资源统一管理体制，以《水法》为根本，建立完善水资源管理法规体系，保护人类和所有生物赖以生存的水环境和水生态系统，以水资源环境承载能力为约束条件，合理开发水资源，提高水的利用效率；发挥政府监管和市场调节作用，建立水权和水市场的有偿使用制度，强化计划节约用水管理，建立节水型社会；通过水资源的优化配置，满足经济社会发展的用水需求，以水资源的可持续利用支持经济社会的可持续发展。

20世纪80年代以来，我国洪涝灾害、干旱缺水、水污染及水土流失等水问题日益突出，对经济社会构成了严重威胁，党和政府对水问题十分重视，党的十五届五中全会把水资源问题同粮食、石油一起作为国家的重要战略资源，提高到可持续发展的突出位置予以高度关注，强调水资源的可持续利用是我国经济社会发展的战略问题。

水资源有效利用、节约和保护任务的实现都有赖于强有力的适合社会主义市场经济规律和水资源自然规律的管理组织、体制、制度和运作机制作为保障；有赖于配套完善的水资源管理法规、规范约束管理行为和用水行为，将复杂多变的涉水事务纳入法制轨道。要认识到水是资源、商品，要按经济规律办事，注意发挥市场在水资源配置中的基础性作用。要在政府宏观监管下，依靠市场经济的调节功能，使经营权、收益权流动起来，实现水的商品价值，使合理用水、节约用水及保护水资源的行为得到应有的价值体现，从而实现经济效益、社会效益和资源环境效益的协调统一。

二、水资源管理的原则

（一）国内外的基本观点

关于水资源管理的原则，水利部提出了"五统一、一加强"原则，即坚持实行统一规划，统一调度，统一发放取水许可证，统一征收水资源费，统一管理水量水质，加强全面服务的基本管理原则。

在1987年出版的《中国大百科全书：大气科学　海洋科学　水文科学》中，水文水资源专家陈家琦教授等人提出水资源管理的原则：①效益最优；②地表水和地下水统一规划，联合调度；③开发与保护并重；④水量和水质统一管理。

水文水资源专家冯尚友教授在《水资源持续利用与管理导论》中提出的水资源管理原则：①开发水资源、防治水患和保护环境一体化；②全面管理地表水、地下水和水量与水质；③开发水资源与节约利用水资源并重；④发挥组织、法制、经济和技术管理的配合作用。

任光照（《中国资源科学百科全书·水资源学》）认为，水资源管理应遵循的基本原则：①水资源属国家所有，在开发利用水资源时，应满足社会经济发展和生态环境最大效益；②开发利用水资源，一定要按照自然规律和客观规律办事，实行"开发与保护""兴利与除害""开源与节流"并重的方针；③水资源的开发利用要进行综合科学考察和调查评价，编制综合规划，统筹兼顾，综合利用，发挥水的综合社会效益；④水资源的开发利用，要维护生态平衡；⑤要提倡节约用水，计划用水，加强需水管理，控制需水量的过快增长；

⑥加强取水管理，实施取水许可制度；⑦征收水资源费，加强水价管理和水行政管理，对水资源实行有偿使用；⑧加强能力建设。

2000年3月，在荷兰海牙召开的第二届世界水论坛及部长级会议（简称"海牙会议"）是有史以来规模最大的世界水资源政策大会，大会对水安全的核心思想和全球水安全指标有了明确规定：水安全核心思想是"以公平、高效和统一的方法保护水资源"。提出全球水安全六个指标的第一个指标："到2005年有75%的国家，到2015年所有国家能够实施水资源统一管理的各种政策和战略。"代表们普遍认为：全球人类缺乏安全与充足的饮用水以满足基本的生活需要，水资源以及提供与支撑水资源的相关生态系统面临着来自污染、生态系统破坏、气候变迁等方面的威胁。会议认为，为实现水安全，我们面临着如下的主要挑战（会议宣言）：①满足基本需要；②保证食物供应；③保护生态环境；④共享水资源；⑤控制灾害；⑥赋予水价值；⑦合理管理水资源。

水资源统一综合管理的基本原则：①淡水是一种有限的和脆弱的资源，对维持生命、发展和环境都至关重要；②在所有竞争中，水都具有经济价值，应当把水视作商品；③水资源开发利用和管理应该提倡公众参与的方式，在各级管理中都应该有用户、规划人员和决策者的共同参与。

（二）水资源管理应坚持的原则

1. 维护生态环境，实施可持续发展战略

生态环境是人类生存发展的基础，水是生态环境不可缺少的最活跃的要素。在开发利用与管理保护水资源的过程中，应把维护生态环境的良性循环放到突出位置，从而为实施水资源可持续利用，保障人类和经济社会实现可持续发展奠定基础，创造条件。同时，还应通过加强管理规范水事行为，扭转对水土资源的不合理开发，逐步减少和消除影响水资源可持续利用的生活、生产行为和消费方式，遵循水的自然和经济规律，协调人与水、经济与水、社会与水、发展与水的关系，科学合理地开发利用水资源，维护生态环境及水资源环境安全。

在水资源的开发利用过程中，既要考虑经济社会建设发展对水量与水质的要求，也要注意水资源条件的约束，尤其是水资源的有限性和赋存环境的脆弱性，将水资源环境承载能力作为开发利用水资源的限制因素，作为水资源管理的重要因素，使人类开发利用水资源与经济、社会、环境协调发展的要求相适应。

2. 地表水与地下水、水量与水质实行统一管理

地表水与地下水是水资源的两个组成部分，具有互补转化和相互影响的关系。水资源包含水量与水质两个方面，共同决定和影响水资源的存在与开发利用潜力。二者具有密切的依存关系，开发利用任何一部分都会引起水资源量与质的变化和时空再分配。充分利用水的流动性和储存条件，联合调度、统一配置和管理地表水和地下水，可以提高水资源的利用效率。同时，由于水资源及其环境受到的污染日趋严重，可用水量逐渐减少，已严重地影响到水资源的持续开发利用潜力。因此，在制订水资源开发利用规划、供水规划及用水计划时，水量与水质应统一考虑，做到优水优用、切实保护。对不同用水户、不同用水目的，应按照用水水质要求合理供给适当水质的水，规定污水排放标准和制定切实的水源保护措施。

3. 加强水资源统一管理

水资源应当按流域与区域管理相结合的原则，实行统一规划、统一调度，建立权威、高效、协调的水资源管理体制。

调蓄径流和分配水量，应当兼顾上下游和左右岸用水、航运、竹木流放、渔业和保护生态环境的需要。

统一发放取水许可证、统一征收水资源费。取水许可证和水资源费体现了国家对水资源的权属管理、水资源配置规划和水资源有偿使用制度的管理。《水法》《取水许可和水资源费征收管理条例》规定对从地下、江河、湖泊取水实行取水许可制度和征收水资源费制度。它们是我国水资源管理的重要基础制度，是实施水资源管理的重要手段，对优化配置水资源，提高水资源利用效率，促进水资源全面管理和节约、保护水资源都具有重要的作用。

实施水务纵向一体化管理是水资源管理的改革方向，要建立从供水、用水、排水，到节约用水、污水处理及再利用、水源保护的全过程管理体制，要把水源开发、利用、治理、配置、节约、保护有机地结合起来，以实现水资源管理空间与时间的统一、质与量的统一、开发与治理的统一、节约与保护的统一。

4. 保障人们生活和生态环境基本用水，统筹兼顾其他用水

《水法》规定，开发、利用水资源，应当首先满足城乡居民生活用水，并兼顾农业、工业、生态环境用水以及航运等需要。在干旱和半干旱地区开发、利用水资源，应当充分考虑生态环境用水需要。在水源不足的地区，应当对城市规模和建设耗水量大的工业、农业和服务业项目加以限制。

水是人类生存的生命线，是经济发展和社会进步的生命线，是实现可持续发展的重要物质基础。世界各国管理水资源的一个共同点就是将人类生存的基

本用水需求作为不可侵犯的首要目标肯定下来。随着生态环境的日趋恶化，环境用水也越来越重要，从环境用水的综合效应和对人类可持续发展的影响考虑，把它与人类基本生活用水需求放到一块考虑是必要的。我国是人口大国、农业大国，历来粮食安全问题都是关系国计民生的头等大事，合理的农业用水比其他用水更重要。在满足人类生活、生态基本用水和农业合理用水的条件下，将水资源合理安排给其他各行业建设与发展使用，是保障我国经济建设和实现整个社会繁荣昌盛持续发展的重要基础。

5. 坚持开源节流并重、节流优先、治污为本的原则

我国人均亩均水资源不多，并呈逐渐减少的趋势，加之水环境污染严重，并有日趋恶化的趋势，加剧了我国的缺水程度。《水法》规定国家厉行节约用水，大力推行节约用水措施，推广节约用水新技术、新工艺，发展节水型工业、农业和服务业，建立节水型社会。各级人民政府应当采取措施，加强对节约用水的管理，建立节约用水技术开发推广体系，培育和发展节约用水产业。国家对水资源实施总量控制和定额管理相结合的制度，根据用水定额、经济技术条件以及水量分配方案确定的可供本行政区域使用的水量，制订年度用水计划，对本行政区域内的年度用水实行总量控制；水污染防治，依照水污染防治法的规定执行。

根据我国人口、环境与发展的特点，建设节水型社会、提高水利用效率、发挥水的多种功能、防治水资源环境污染，是实现经济社会持续发展的必然选择。

6. 坚持按市场经济规律办事，发挥市场机制对促进水资源管理的重要作用

政府应将职能转变到宏观调控，公共服务和监督企业、事业单位运行方面来，对水资源活动实施统一法规、统一政策、统一规划、统一监测、统一调度、统一治理、统一制定用水定额、统一制定水价、统一发放和吊销取水许可证、统一征收水资源费。企业单位应按市场规律运作，并按现代企业制度进行自身建设。事业单位应按政府授权进行工作，并对政府宏观调控给予技术支撑。

依据水资源管理中的水资源费和水费经济制度及谁耗费水量谁补偿、谁污染水质谁补偿、谁破坏生态环境谁补偿的补偿机制，确立全成本水价体系的定价机制、运行机制及水资源使用权和排水权的市场交易运作机制和规则等，这都应在政府宏观监管下，运用市场机制和社会机制的规则来进行，要充分发挥市场调节在配置水资源和促进合理用水、节约用水中的作用。

第三节 水资源管理的内容与方法

一、水资源管理的主要内容

兴修水利，历来是我国治国安邦的大事。自古以来，我国就有重视水利事业的传统。在水资源开发利用初期，或社会需水量较少时，水资源供需矛盾不突出，水资源管理内容比较简单。随着人口增长和经济社会的较大规模发展，需水量越来越大，开发利用水资源的规模和程度也越来越大，水资源供需矛盾日趋尖锐，水资源及其环境受到人类的干扰和破坏越来越剧烈，需要解决的水资源问题愈发众多和复杂，并且随着社会发展和科技进步，人们对水资源问题的认识也在发展深化，水资源管理逐渐成为专门的技术和学科，其管理领域涉及自然、生态、经济和社会等诸多方面，内容非常丰富。

（一）水资源权属管理

水资源的所有权，即水权，包括占有权、使用权、收益权和处分权四项权能。在生产资源私有制社会中，土地所有者可以要求获得水权，水资源成为私人所有。随着全球水资源供需关系的日趋紧张和人类社会的进步，水资源的公有属性被逐渐认可确立，因而国家拥有水资源的占有权和处分权，单位或个人只能通过法定程序获得水资源的使用权和收益权，成为世界水资源管理的发展趋势。关于水权的权属管理，李泽冰在《中国资源科学百科全书·水资源学》中提出水权管理的主要内容：①合法授予水权；②制定和实施有关水权的政策法规；③对水权持有者行使权利和履行义务的行为进行监督管理；④坚持水资源使用权的共享性；⑤水权调整。

《中华人民共和国宪法》（以下简称《宪法》）第九条规定："矿藏、水流、森林、山岭、草原、荒地、滩涂等自然资源，都属于国家所有，即全民所有。"《水法》第三条规定："水资源属于国家所有。水资源的所有权由国务院代表国家行使。农村集体经济组织的水塘和由农村集体经济组织修建管理的水库中的水，归各该农村集体经济组织使用。"《水法》第六条规定："国家鼓励单位和个人依法开发、利用水资源，并保护其合法权益。开发、利用水资源的单位和个人有依法保护水资源的义务。"水资源权属关系的明确界定，为合理开发、持续利用水资源奠定了必要的基础，也为水资源管理提供了法律依据，能规范和约束管理者和被管理者的权利和行为。

随着现代产权制度的建立和发展，水资源所有权中的占有权、使用权、收益权、处分权都可以分离和转让。在我国，水的所有权属于国家，国家通过某种方式将水的使用权赋予各个地区、各个部门、各个单位，这里所说的水权主要是指水的使用权。一般来说，水的使用权是按流域来划分的。比如，黄河多年平均天然径流量为 580 亿 m^3，其中宁夏分配了 40 亿 m^3，甘肃分配了 30 亿 m^3，这就是国家赋予他们的水权。

水权的界定、获得与转让是实施水资源有偿使用制度的法律依据和经济基础，获得和超过了额定水资源就相当于占用了他人的水权，应当付费，超过更应多付费；反之，出让水权，就应受益。因此，在水资源产权管理上，需要建立符合现代产权制度的水市场，考虑水资源特点，至少应建立以流域内水权分配与交易为基础的一级水市场及以地区内水权分配与交易为基础的二级水市场，只有这样才能使水权在一定范围内、一定程度上流动起来，达到调节地区之间、部门之间，以及集体与个人之间权益关系的目的。清华大学胡鞍钢教授等人认为建立水市场的思路主要着眼于建立合理的水分配利益调节机制，以产权改革为突破口，建立合理的水权分配和市场交易经济管理模式。汪恕诚认为实现水资源有效管理的途径是政府宏观调控、民主协商和水市场调节。

当前水资源权属关系管理的重点是水资源的统一管理问题，要改变在许多地区依然存在的城乡水资源分割管理的状况，实现统一规划、统一调度、统一发放取水许可证和统一征收水资源费。尤其是取水许可证和水资源费的统一管理体现了国家对水资源产权的管理。

（二）水资源政策管理

政策是指国家为实现一定历史时期的路线和任务而规定的行政准则。在社会主义市场经济条件下，从我国水问题（水多、水少、水脏）实际情况出发，制定和执行正确的水资源管理政策，是取得水资源可持续开发利用与社会经济协调发展的重要保证。因而，水资源政策管理是指为实现可持续发展战略下的水资源持续利用任务而制定和实施的方针政策方面的管理。

水资源可持续利用是我国经济社会发展的战略问题。水是基础性的自然资源和战略性的经济资源，水资源的可持续利用，是经济和社会可持续发展极为重要的保证。我国是一个水旱灾害十分频繁的国家，除水害、兴水利，历来是我国治国安邦的大事。加强水资源的统一管理，提高水的利用效率，建设节水型社会，是我国管理水资源的基本政策。

水文与水资源管理

《水法》规定：国家鼓励单位和个人依法开发、利用水资源，并保护其合法权益。开发、利用水资源的单位和个人有依法保护水资源的义务。开发、利用、节约、保护水资源和防治水害，应当全面规划、统筹兼顾、标本兼治、综合利用、讲求效益，发挥水资源的多种功能，协调好生活、生产经营和生态环境用水。国家厉行节约用水，大力推广节约用水措施，推广节约用水新技术、新工艺，发展节水型工业、农业和服务业，建立节水型社会。各级人民政府应当采取措施，加强对节约用水的管理，建立节约用水技术开发推广体系，培育和发展节约用水产业。直接从江河、湖泊或者地下取用水资源的单位和个人，应当按照国家取水许可制度和水资源有偿使用制度的规定，向水行政主管部门或者流域管理机构申请领取取水许可证，并缴纳水资源费，取得取水权。使用水工程供应的水，应当按照国家规定向供水单位缴纳水费。

综上所述，我国对水资源实行统一管理、统一规划、统一调配、统一发放取水许可证、统一征收水资源费，维护水资源供需平衡和自然生态环境良性循环，以水资源可持续利用满足人民生活和生态环境基本用水要求，支持和保障经济社会可持续发展。

（三）水资源综合评价与规划的管理

水资源综合评价与规划既是水资源管理的基础工作，也是实施水资源各项管理的科学依据。为此我国制订了一系列相应的水资源规划、论证、管理制度，详见本书第五章第一节。

（四）水量分配与调度管理

在一个流域或区域的供水系统内，要按照上下游、左右岸、各地区、各部门兼顾和综合利用的原则，制订水量分配计划和调度运用方案，作为正常运用的依据。在水源不足的干旱年份，还应采取应急措施，限制一部分用水，保证重要用水户的用水，或采取分区供水、定时供水等措施。对地表水和地下水实行统一管理，联合调度，提高水资源的利用率。

（五）水质控制与保护管理

随着工业、城市生活用水的增加，未经处理或未达到排放标准的废污水大量排放，使水体及地下储水构造受到污染，减少了可利用水量，甚至造成社会公害。水质控制与保护管理通常指为了防治水污染，改善水源，保护水的利用价值，采取工程与非工程措施对水质及水环境进行的控制与保护的管理。

水质控制与保护管理是水行政主管部门的主要职责，是水资源管理工作的重要内容。其管理内容与措施如下所述。

1. 行政手段

通过制定水质管理政策，划分水功能区，在有入河排污口排污的水域，划定出排污对水域影响的限制范围，使相邻功能区水质目标得到保护的排污控制区，并对重点城市、水域的水质污染防治进行监督管理，对某些严重危害水质的工业，限期治理或勒令停产、转产或搬迁。

2. 法律手段

通过法律、法令、法规等强制性措施，对违法者给予警告、罚款，或责令赔偿损失，直至追究违法者的刑事责任，严格执行《水法》《环境保护法》《水污染防治法》等。

3. 经济手段

执行水污染防治经济责任制，实行谁污染谁治理、谁损坏谁赔偿及排污收费等制度。对排放水污染物超过国家规定标准的企业事业单位，按水污染物的种类、数量和浓度征收排污费；对违反规定造成严重水污染的企业事业单位，处以罚款。对节水减污的企业事业单位，给予税收等方面的优惠。

4. 技术手段

技术手段包括制订水质标准，进行水质监测、预测和预报，提高水量利用效率，制订水资源保护规划和综合防治规划等。我国已颁发了《地表水环境质量标准》（GB3838—2002）、《地下水质量标准》（GB/T14848—2017）、《污水综合排放标准》（GB8978—1996），以及《制订地方水污染物排放标准的技术原则与方法》（GB/T3839—1983）等。主要城市也编制了相应的水资源保护规划、水功能区划和污染物削减治理规划。

5. 宣传教育手段

进行防止水污染的宣传教育，发挥社会公众监督作用，特别是利用书刊、报纸、电视、讲座等多种形式，向公众宣传环境保护和防治水污染的方针、政策、法令等，提高全民环境保护意识。

（六）节水管理

解决水资源短缺和水污染的一个关键问题就是节水。节水的核心是提高水的利用效率，它不仅引起用水方式的变化，而且引起经济结构的变化，以至引发人们思想观念的变化。

国家对节水的高度重视，在前述内容中已做了相应的介绍。2002年，国家经贸委、国家税务总局联合颁发了《当前国家鼓励发展的节水设备（产品）目录》第一批名单，以加大节水为重点的结构调整和技术改造力度，促进节水技术、装备水平的提高。该目录包括换热设备，污水处理设备，化学处理设备，海水、苦咸水利用设备，节水监测仪器和水处理药剂六类产品，对开发、研制、生产和使用列入目录的设备的项目，给予积极的鼓励和税收优惠扶持政策。全国节水办编制了《全国节约用水规划纲要（2001—2010年）》，发出了《关于全面加强节约用水工作的通知》（水资文〔1999〕245号），并和国家经贸委等五部委联合颁发了《关于加强工业节水工作的意见》（国经贸资源〔2000〕1015号），提出了工业节水的总体目标，明确了工业节水的工作重点，就抓好工业节水工作提出了具体的政策措施。全国以省为单元开展用水定额的编制工作。根据我国水价偏低，严重违背价值规律，严重影响节约用水的情况，近年来全国广泛开展了水价调价工作，有力地促进了节水。

节水同样需要采取政策、法规、经济、技术和宣传教育等综合性手段，促进和保障节水的实施，使节水成为人们自觉的行动。

（七）防汛与抗洪管理

我国是一个多暴雨洪水的国家，历史上洪水灾害频繁。洪水灾害会给生命财产造成巨大的损失，甚至会打乱整个国民经济的布置。因此，研究防洪对策，对于可能发生的大洪水事先做好防御准备，并开展雨洪水滞纳的利用，如蓄水、补源等，也是水资源管理的重要组成部分。

在防洪规划方面，应编制江河、湖库和城市的防洪规划，制订防御洪水的方案，落实防洪措施，筹备防洪抢险的物资和设备。

在防洪工程建设方面，应按国家规定的防洪标准，建设江河流域和城市防洪工程，确保工程质量，同时还应加大水库除险加固工程建设力度和防汛通信设施配置建设，做到遇险能够及时通知，避免人员伤亡。

在防洪管理方面，要防止行洪、分洪、滞洪、蓄洪的河滩、洼地、湖泊被侵占或破坏，按照谁设障、谁清除、谁破坏、谁赔偿的原则，严格实施经济损失赔偿政策。防汛抗洪工作实行各级人民政府行政首长负责制，统一指挥、分级分部门负责。

在严防洪水给人类带来灾难的同时，应在充分研究暴雨洪水规律和准确预测预报的前提下，充分利用雨洪水，做好水库的及时拦蓄、地下水的回灌补源等工作，增加水资源可利用量。

（八）水情监测与预报管理

水资源规划、调度、配置及水量水质的管理等工作，都离不开准确、及时、系统的自然与社会的水情信息，因此，加强水文观测、水质监测、水情预报，以及水利工程建设与运营期间的水情监测预报工作，是水资源开发利用与保护管理的基础性工作，是水资源管理的重要内容。

我国目前已基本建成了全国水量、水质监测网络，可以定期不定期发布水情信息，并进一步加强了对社会供水能力与需求变化、各行业用水与需水情况变化的监测、统计、预测及信息公布，同时，还可以对江河、湖库水情进行测报，以便为水资源管理和水环境保护提供可靠的基础和决策依据。

（九）水资源组织与协调的管理

加强水资源管理组织和队伍建设是管理的基础和保证，协调调动管理组织和人员的积极性是保障实现水资源管理目标的动力。改革开放以来，我国逐步建成了从中央到地方的一套水资源管理组织机构，在保障水资源可持续利用与保护管理方面发挥了积极作用。由于水资源的动态性特征，应进一步加强流域与区域相结合、区域与区域之间相协调的管理，发挥水资源管理的整体效应。

更应注意到，在传统计划经济体制下，我国的水资源管理涉及水利、城建、环保、地矿等多部门管理。水利部门作为各级水行政主管部门应该加强与社会各部门、各行业及单位涉水工作的协调管理，如与环保部门、交通运输部门、城建部门及各行业、企事业单位的协调共事，按照国家管理机构的设置及其职能划分，共同处理涉水事务，创建适应社会主义市场经济条件下的现代水资源管理新模式、新体制。

此外，我国的部分河流和水域是跨越国界的，对这种涉及国际性的水资源的开发利用与保护管理，应建立双边或多边的国际协定或公约，共同维护水事秩序和提高水资源的可持续利用能力。

（十）其他日常管理工作

水资源的其他日常管理工作包括涉水事务的日常处理，如检查、监督、考核水资源开发利用与保护行为，宣传、传达水资源管理政策、法规，调节水事纠纷及处理违法违规水事行为等。

二、水资源管理的主要手段

水资源管理是在国家实施水资源可持续利用，保障经济社会可持续发展战略方针下的水事管理，涉及水资源的自然、生态、经济、社会属性，影响水资源复合系统的诸方面。因而，管理方法必须采用多维手段，相互配合，相互支持，这样才能达到水资源、经济、社会、环境协调持续发展的目的。法律、行政、经济、技术、宣传教育等综合手段在管理水资源中具有十分重要的作用，依法治水是根本，行政措施是保障，经济调节是核心，技术创新是关键，宣传教育是基础。任光照在《中国资源科学百科全书·水资源学》中提出：水资源管理的方法和手段：①取水许可制度是在法律保证下进行水资源管理的行政手段；②经济措施是调节开发利用水资源的有效手段，利用经济杠杆管理好水资源，要完善有偿使用的制度，建立良性运行的管理机制；③水资源管理依靠行政组织，运用命令、规定、指示、条例等行政手段发挥在管理中的作用；④系统分析的方法是实施水资源调配和管理的一个基本方法；⑤水资源管理信息系统通过接收、传递和处理各类水资源管理信息，使管理者能及时实现水资源管理环节之间的联系和协调，实现科学管理。

（一）法律手段

法律手段是管理水资源及涉水事务的一种强制性手段，依法管理水资源是维护水资源开发利用秩序，优化配置水资源，消除和防治水害，保障水资源可持续利用，保护自然和生态系统平衡的重要措施。我国《水法》规定：未经批准擅自取水的，未依照批准的取水许可规定条件取水的，由县级以上人民政府水行政主管部门或者流域管理机构依据职权，责令停止违法行为，限期采取补救措施，处二万元以上十万元以下的罚款；情节严重的，吊销其取水许可证。拒不缴纳、拖延缴纳或者拖欠水资源费的，由县级以上人民政府水行政主管部门或者流域管理机构依据职权，责令限期缴纳；逾期不缴纳的，从滞纳之日起按日加收滞纳部分千分之二的滞纳金，并处应缴或者补缴水资源费一倍以上五倍以下的罚款。拒不执行水量分配方案和水量调度预案的，拒不服从水量统一调度的，拒不执行上一级人民政府的裁决的，在水事纠纷解决之前，未经各方达成协议或者上一级人民政府批准，单方面违反本法规定改变水的现状的，对负有责任的主管人员和其他直接负责人员依法给予行政处分。对违反国家规定的水事行为明确了依法处理的要求。

水资源管理,一方面要靠立法,把国家对水资源开发利用和管理保护的要求、做法,以法律形式固定下来,强制执行,作为水资源管理活动的准绳;另一方面要靠执法,有法不依,执法不严,会使法律失去应有的效力。水资源管理部门应主动运用法律武器管理水资源,协助和配合司法部门与违反水资源管理的法律法规的犯罪行为作斗争,协助仲裁;按照水资源管理法规、规范、标准处理危害水资源及其环境问题,对严重破坏水资源及其环境的行为提起公诉,甚至追究法律责任;也可依据水资源管理法规对损害他人权利、破坏水资源及其环境的个人或单位给予批评、警告、罚款、责令赔偿损失等。依法管理水资源和规范水事行为是确保水资源实现可持续利用的根本所在。

我国自 20 世纪 80 年代开始,从中央到地方颁布了一系列水管理法律法规、规范和标准,目前我国已初步形成了由《宪法》《水法》《环境保护法》《水污染防治法》《水土保持法》《取水许可管理办法》等组成的水管理法规体系。这些法律法规,明确了水资源开发利用和管理各行为主体的责、权、利关系,规范了各级、各地区、各部门及个人之间的行为,成为有效管理水资源的重要依据和手段。

(二)行政手段

行政是国家的组织活动。采取行政手段管理水资源主要指国家和地方各级水行政管理机关,依据国家行政机关职能配置和行政法规所赋予的组织和指挥权力,对水资源及其环境管理工作制定方针、政策,建立法规、颁布标准,进行监督协调,实施行政决策和管理,是进行水资源管理活动的体制保障和组织行为保障。

水资源行政管理主要包括:①水行政主管部门贯彻执行国家水资源管理战略、方针和政策,并提出具体建议和意见,定期或不定期向政府或社会报告本地区的水资源状况及管理状况;②组织制定国家和地方的水资源管理政策、工作计划和规划,并把这些计划和规划报请政府审批,使之具有行政法规效力;③运用行政权力对某些区域采取特定管理措施,如划分水源保护、确定水功能区、超采区、限采区、编制缺水应急预案等;④对一些严重污染破坏水资源及环境的企业、交通等要求限期治理,甚至勒令其关、停、并、转、迁;⑤对易产生污染、耗水量大的工程设施和项目,采取行政制约方法,如严格执行《建设项目水资源论证管理办法》《取水许可和水资源费征收管理条例》等,对新建、扩建、改建项目实行环保和节水"三同时"原则;⑥鼓励扶持水资源保护和节约用水的活动;⑦调解水事纠纷。行政手段一般带有一定的强制性和准法治性,行政手段既是水资源日常管理的执行方式，又是解决水旱灾害等突发事件的强有力组织方式和执行方式。只有通过有效力的行政管理才能保障水资源管理目标的实现。

（三）经济手段

水利是国民经济的一项重要基础产业，水资源既是重要的自然资源，也是不可缺少的经济资源。在管理中，应利用价值规律，运用价格、税收、信贷等经济杠杆，控制生产者在水资源开发中的不合理行为，调节水资源的分配，促进合理用水、节约用水，限制和惩罚损害水资源及其环境，以及浪费水的行为，奖励保护水资源、节约用水的行为。

其主要方法包括审定水价和计收水费与水资源费，制定实施奖罚措施等。利用政府对水资源定价的导向作用和市场经济中价格对资源配置的调节作用，促进水资源的优化分配和各项水资源管理活动的有效运作。

（四）技术手段

所谓技术手段就是充分利用科学技术是第一生产力的原理，运用既能提高生产率，又能提高水资源开发利用率，减少水资源消耗，对水资源及其环境的损害能控制在最低限度的技术及先进的水污染治理技术等，来达到有效管理水资源的目的。

运用技术手段，实现水资源开发利用及管理保护的科学化，包括以下内容：
①制定水资源及其环境的监测、评价、规划、定额等规范和标准；
②根据监测资料和其他有关资料对水资源状况进行评价和规划，编写水资源报告书和水资源公报；
③推广先进的水资源开发利用技术和管理技术；
④组织开展相关领域的科研和科研成果的推广应用等。

许多水资源政策、法律、法规的制定和实施都涉及许多科学技术问题，所以，能否实现水资源可持续利用的管理目标，在很大程度上取决于科学技术水平。因此，管好水资源必须以科教兴国战略为指导，依靠科技进步，采用新理论新技术新方法，实现水资源管理的现代化。

（五）宣传教育手段

宣传教育既是水资源管理的基础，也是水资源管理的重要手段。水资源科学知识的普及、水资源可持续利用观的建立、国家水资源法规和政策的贯彻实施、水情通报等，都需要通过行之有效的宣传教育来达到。同时，宣传教育还可以充分利用道德约束力量来规范人们对水资源的行为，例如，通过报纸、杂志、广播、电视、展览、专题讲座、文艺演出等各种传媒形式，广泛宣传教育，使公众了解水资源管理的重要意义和内容，提高全民水患意识，形成自觉珍惜水、保护水、节约用水的社会风尚，更有利于各项水资源管理措施的执行。

同时，应通过水资源教育培养专门的水资源管理人才，并采用多种教育形式对现有管理人员进行现代水资源管理理论、技术的培训，全面加强水资源管理能力建设力度，以提高水资源管理的整体水平。

（六）加强国际合作

水资源管理的各方面都应注意经验的传播交流，要将国外先进的管理理论、技术和方法及时吸收进来，同时将国内的管理办法交流出去以利于相互沟通和合作。涉及国际水域或河流的水资源问题，要建立双边或多边的国际协定或公约。

在水资源管理中，上述管理手段相互配合、相互支持，共同构成了处理水资源管理事务的整体性、综合性措施，可以全方位提升水资源管理的能力和效果。

第四节　水资源管理的理论基础

我国关于水资源管理理论的研究开始于 20 世纪 80 年代，早期的水资源管理研究主要是对实际水资源管理活动中的管理内容的简单罗列和堆加，并未从理论的高度来对水资源管理的体系和框架进行系统的阐述。随着我国水资源危机的不断加剧以及可持续发展对现代水资源管理的要求和挑战，学术界开始逐渐关注水资源管理理论的探讨和框架体系的构建。

国内学者赵保璋教授主编的《水资源管理》是我国出版较早的专门论述水资源管理的专著之一。他在这本书中提出，大气降水、地表水、地下水、土壤水分以及废水、污水等水形态都不是独立存在的，而是有机联系的、统一而相互转化的整体。而现实中，长期以来我国水管理体制较为混乱，水权分散，形成了"多龙治水"的局面。他认为，水资源管理应该从水的资源观点、水的系统观点、水的经济观点及水的法制观点出发，在水资源的合理开发利用、规划布局与调配，以及水资源保护等方面建立统一的、系统的综合管理体制，按照相关法律由水行政部门实施管理。同时，他认为水资源管理活动主要包括规划管理、开发管理、用水管理和水环境管理。

水文与水资源管理

冯尚友教授在《水资源持续利用与管理导论》一书中指出：水资源管理是一项非常复杂的工作，涉及面广，考虑因素多，且可持续发展战略的实施刚刚起步，许多理论、方法尚在摸索研究阶段，要想给出一个完整的、经得住实践考验的水资源管理的定义是困难的。但给出一个实质性的含义，对水资源管理的改革和建立新的管理体制和制度是有利的。水资源管理的根本目的在于实现水资源的持续利用，即满足当代人和后代人对水的需求，同时，要使水资源、环境和经济、社会协调、持续发展。这是与以前水管理的根本区别和分水岭。过去的水管理是经济发展模式的产物，在很长的时期内，管理以单纯追求经济效益指标，只能理解为狭义的水利工程的管理，即使近年来将其扩展为广义的水管理，而与持续发展模式下的水管理相比，在指导思想、理论基础、原则、方法方面等都存在相当大的差距，必须在现行水管理基础上进行大力改革和创立新的管理体制和制度，以适应持续发展模式的水资源管理需要。因此将水资源管理定义为支持实现可持续发展战略目标，在水资源及水环境的开发、治理、保护、利用过程中，所进行的统筹规划、政策指导、组织实施、协调控制、监督检查等一系列规范性活动的总称。统筹规划是合理利用有限水资源的整体布局、全面策划的关键；政策指导是进行水事活动决策的规则和指南；组织实施是通过立法、行政、经济、技术和教育等形式组织社会力量，实施水资源开发利用的一系列活动实践；协调控制是处理好资源、环境与经济、社会发展之间的协同关系和水事活动之间的矛盾关系，控制好社会用水与供水的平衡和减轻水旱灾害损失的各种措施；监督检查则是不断提高水的利用率和执行正确方针政策的必要手段。

郑州大学左其亭教授和中科院新疆生态与地理研究所所长陈曦研究员 2003 年合著并出版了《面向可持续发展的水资源规划与管理活动》一书。他们认为：现行的水资源管理准则主要考虑的是经济效益、技术效率和实施的可靠性，但就现状而言已经不能满足可持续水资源管理的要求，按照 1992 年联合国环境与发展大会通过的《21 世纪议程》要求的社会、经济、能源、环境相协调的高度，已迫切需要逐步转变到新的行为准则。持续水资源管理强调了未来变化、社会福利、水文循环、生态系统保护这样完整性的水的管理。该书专门探讨了现代水资源管理工作的工作流程、管理目标和水资源管理等基本内容，并且提出了面向可持续发展的水资源管理活动的主要内容，包括：加强教育、提高工作觉悟和参与意识，制定水资源合理利用措施、制定水资源管理政策、实行水资源统一管理以及实时进行水量分配和调度。根据信息技术发展的特点和现代水资源管理的要求，他们还在该书中专门探讨了水资源的信息化管理，介绍了电子信息技术和"3S"（GIS、GPS 和 RS）技术在水资源管理活动中的应用。

山东农业大学林洪孝教授在《水资源管理理论与实践》中界定水资源管理活动为：依据水资源环境承载能力，遵循水资源系统自然循环功能，按照经济社会规律和生态环境规律，运用法规、行政、经济、技术、教育等手段，通过全面系统的规划，优化水资源配置，对人们的涉水行为进行调整与控制，保障水资源开发利用与经济社会和谐持续发展。林洪孝教授在该书中对水资源管理的理论和框架体系做了较为全面的探讨，论述了水资源管理活动的目标、原则和方法等内容，并构架了水资源管理活动的主要内容。值得注意的是，他在该书中提出，随着人类对水资源问题认识的发展深化，水资源管理逐渐形成了专门的技术和学科，其管理领域涉及自然、生态和经济、社会等许多方面，其管理活动的主要内容包括水资源权属管理、水资源政策管理、水资源综合评价与规划管理、水量分配与调度管理、水质控制与保护管理、节水管理、防汛与抗洪管理、水情监测与预报管理、水资源组织与协调管理及其他水资源日常管理 10 个方面。该书对水资源管理活动的概括和构架基本上包含了当前水资源管理活动的所有内容，是目前比较全面的水资源管理的概括和总结。

中国人民大学沈大军教授在《水管理学概论》中从法律、制度及经济角度对水管理中的各个方面进行了理论构建和实践探索，研究了水与人和由水而导致的人与人的关系。他认为，水管理由水的资源管理、水服务管制和水环境管理构成。水的资源管理包括水资源产权管理、取水许可管理、水资源费（税）管理及资源管理的体制安排。水服务管制包括供水和污水处理两个方面，涉及经济管制的进入管制、市场结构管制和价格管制，以及社会管制中的水服务质量管制等。水环境管理，包括公共水环境管理、污水排放许可管理和水环境管理的经济手段。

中国农业科学院姜文来研究员等人在《水资源管理学导论》中构建了水资源管理的框架与体系。他们在界定水资源管理内涵、研究内容、进展及同其他相关学科的关系的基础上，阐述了水资源管理的理论基础，研究探讨了水资源的数量管理、质量管理、经济管理、权属管理、规划管理、工程管理、地下水资源管理、国际水资源管理、投资管理、行政管理、风险管理、安全管理、数字化管理和其他水资源综合管理，并以首都圈农业水资源、民用水资源为例，进行了专题研究。

水文与水资源管理

中国科学院夏军院士等人在《可持续水资源管理——理论方法应用》中认为：水资源管理涉及水资源的有效利用、合理分配、资源保护、优化调度，以及一切水利工程的合理规划、布局协调及统筹安排等。其目的是，通过水资源合理分配、优化调度、科学管理，以做到科学、合理地开发利用水资源，支持社会经济发展，改善自然生态与环境，并达到水资源开发、社会经济发展及自然生态与环境保护相互协调的目的。由于水资源问题的日益突出，人们普遍把"解决用水矛盾"的希望寄托在对水资源的科学管理上。这主要有三方面的原因：其一，科学管理出效益，众多实践证明，科学管理能以较小的投入获得很大收益，水资源管理也不例外，通过科学管理，水资源不仅能创造大的效益，而且还能够最大限度地利用水资源，且不会带来生态环境的破坏等严重后果；其二，自然界的水资源是有限的，只有通过科学的开发利用才能获得总体效益最优，仅考虑某一目标、某一工程、某一具体时段的做法可能是片面的，需要人们从系统的高度来分析问题、寻求水资源开发利用的最优途径，以解决用水矛盾；其三，从系统的高度得到的水资源管理决策，比较容易被不同部门、不同层次、不同地区、不同国家所接受，也比较容易解决他们之间的用水冲突，因为，站在系统的高度制定的水管理决策撇开了单方面的观点和倾向。他们认为，21 世纪水资源管理关注的重点有：

①实行流域水质与水量的统一管理，基于水资源承载能力，建立流域水资源安全利用指标，制定开发利用的长期规划。

②通过 GIS、卫星遥感、气象雷达和专家知识系统建立流域、区域水资源基础信息系统，核算流域水资源的承载极限，确定最大供给水平。

③改变传统的水供给管理模式为竞争型水需求管理模式，包括水资源补偿使用、发放可交易的取水许可证和排污费等，此外建立用水审计制度，制定工、农业和城镇生活用水标准，鼓励节水技术、方法的应用和创新；探索正确的水环境评价分析框架，包括水资源受各种自然因素如气候、地质地理条件和生态过程的影响，比生活、经济活动复杂，更具不确定性。目前的水资源评价指标集中于地表径流量和城市水质情况，偏重于经济系统，而且只从人类需求出发，强调水的社会经济功能，忽略水在环境中不可替代的溶剂、输送和自净化等自然功能。

④水经济学，即水资源的天然流动性（开放性资源），使得市场经济的基础——所有权的独立性以及使用上的排他性难以确立。人们长期否定水资源的

商品属性，认为水资源应无偿使用，实际上水资源具有价值属性，也是有价格的。这就要求我们要加强对水经济学的研究，水经济学的核心是水资源定价，加强水利工程的融资和收益管理能力建设，并在各竞争性用途与用户之间实行水资源利益效率分配。

⑤建立世界性水资源银行，水资源管理是一种长期投资，需要从全球层次上对水资源的开发投资、保护利用和废水处理进行资源重组和最优化协调管理。

⑥需要全社会的广泛参与，水资源管理不仅是一个科学问题也是一个社会问题，为了提高水安全管理信息系统的效率和有效性，还需要公众的支持和参与，建立新的全球水道德，加强水忧患意识和节水意识教育，走向一个新的时代——节水型社会。

第四章　水资源管理的发展过程

第一节　原始文明阶段的水资源管理

一、原始文明阶段水认识与水文化

在漫长的原始社会中，由于生产力水平极为低下，人类所使用的生产工具极其简陋，他们只能选择同当时生产力水平相适应的河流中下游台地和平原居住和活动。因为这些平原和台地多沿山麓分布，依山傍水，既便于人们进行生产活动，也便于人们躲避洪水的袭击。"缘水而居，不耕不稼"（《列子·汤问》）这句话十分形象地展示了处于蒙昧阶段的人类选择居住场所的景象。对于人类维持生存所需的基本物质条件来说，水是必不可少的重要保障。陆地上河流附近的阶地近水而高出水面之上，取水容易，又兼有捕鱼之利而不受水患的侵扰，自然是人类生存的极好所在，也是孕育古代文明的最佳场所。

在气候干燥炎热、热带沙漠广布的非洲大陆上，流淌着一条约 6600 km 长的河流——尼罗河。它由南向北流经世界著名的撒哈拉大沙漠后注入地中海。每年夏季，上游充足的降水使河水水量大、流速急，于是两岸大量的泥沙和有机物顺流而下进入平原地区，沉积在两岸的低地，形成了尼罗河三角洲。尼罗河为埃及带来的不仅是水和绿洲，由于它泛滥时淤积大量来自赤道密林的肥沃腐殖土，从而为河谷耕地带来了理想的天然肥料。尼罗河每年的河水泛滥非常准时，总是 7 月开始涨水，10 月达到高潮，11 月退水，水量每年虽有出入，但差别不是很大。聪明的古埃及人正是利用尼罗河这种少有的特点，创造了世界上最早的太阳历。这个历法用于计算尼罗河的涨落期，将全年划分成 12 个月，共计 365 天，只比现行的太阳历少 1/4 天。同时古埃及人又按照农作物生产和尼罗河水量变化将一年分成泛滥、播种、收获三季。这些产生于社会实践中的文化成就，充分表现了古埃及文明的进步。此外，早在公元前3000年就有了象形文字的古埃及人以十进制计数法和金字塔的建造向人们展示了他们在数学、建筑方面的建树。而所有这些根植于尼罗河三角洲，产生于古埃及人改造自然、发展生产的社会实践中的文化成就，构成了古埃及文化的主体，向人们诉说着尼罗河与古埃及文明的渊源。

在亚洲西部，发源于今土耳其亚美尼亚群山中的底格里斯河和幼发拉底河沿途接收山泉、融雪和其他支流的补给在深山峡谷中形成了奔腾湍急的河流。冲出高原以后，两河蜿蜒于广阔的平原几经曲折注入波斯湾。每年春季，上游山区的融雪流入两河，造成河水泛滥，在下游形成河水浸灌。两河丰富的水量给这一地区带来了得天独厚的自然环境，难怪几经迁移的苏美尔人来到美索不达米亚平原之后便从此止步不前，扎根于此地。勤劳的苏美尔人在这里开垦种植，引水灌溉，发展农业。农业的迅速发展，城镇增加，两河流域的最早文明——苏美尔文明出现了。此后无论是以灌溉农业为基础的城邦，还是统一的阿卡德王国和乌尔第三王朝，一直不间断地兴修水利，改善和扩大灌溉网，完善水利设施，为农业生产提供了充足的水资源保证。加上楔形文字的创造，沿用至今的7天一星期制的产生，以及360°等分圆周等科技成就，无不代表着巴比伦文化的发达和成就，而公元前4000年就产生了的苏美尔文学，以著名的"洪水与创世史诗"反映了当时人们在宗教方面的发展和对于水的原始理解。

亚洲南部的印度河发源于冈底斯山以西，向西南流经塔尔沙漠注入阿拉伯海。这条以水流变化显著为特征的大河每年有两次涨水期，这两次时期正好有利于农作物的灌溉和生长。另一条发源于喜马拉雅山南坡的恒河，则以水势平缓著称，它那"处处有出产，土不掺石头"的中游谷地尤其富饶。印度河-恒河地区无疑又是大自然对人类一次慷慨的馈赠。古代印度人在水利方面的建树虽没有古埃及人那样辉煌，但正是由于对恒河、印度河泛滥期计算的需要，印度人在天文历法方面取得了相当的成果。一年12个月的划分和每5年加1个月就反映了这一点。朴素的唯物主义哲学认为宇宙由地、火、水、风四大物质组成，这其中将水提到世界组成之一的高度，恰好反映了印度人对于水最深刻的理解。至于在印度河-恒河流域产生和发展的以哈拉帕文化为代表的古代文化中心的广泛分布，更能有力地说明水与文化发展的密切关系。

亚洲东部，发源于青藏高原的黄河，其上游穿行在高山峡谷之间，跌宕起伏，湍急回旋，水流依然清澈；及至中游，一望无垠的黄土高原千万条沟壑如同黄色的巨龙，一齐拥入大河的怀抱，仿佛成千上万的黄土高坡要同时推入大河，筑起无数的堤坝。然而固执而又无羁的大河冲破一道道泥土沙坝，一路扬波夹带着俘虏的泥沙，自山西壶口飞流而下，直过孟津。地势平坦的华北平原展开胸怀抚揽着狂怒的河水。河水渐渐缓速，仿佛在进行搏斗后的暂歇。泥沙从怀中释落沉入河底，年年堆积，月月沉淤。于是两岸筑大堤，积年而增高，河底高于地面，黄河之水遂成地上悬河，由天而来，向东流入渤海。

黄河是中华民族的母亲河，经过亘古不息的流淌，孕育出世界最古老、最灿烂的文明之一。在黄河流域的考古发现中，从西侯度猿人（距今150万～180万年）、蓝田猿人（距今100万～115万年）、大荔甜水沟猿人（距今30万～50万年），到早期智人（山西省襄汾县汾河东岸丁村发现，距今7万～9万年）、再到晚期智人（内蒙古乌审旗大沟湾发现，距今3万年左右），这些已经反映了从旧石器早期古猿人到中期智人在黄河流域的生存、进化和发展的100多万年历程。也就是说，早在180万年以前，黄河流域已有人类在活动。西侯度出土的30余件石制品，是迄今为止中国大陆上发现的人类文化遗存中最早的代表。西侯度文化中用动物骨角制造工具和用火的资料，不仅在黄河流域是最早的代表，在国内外都是绝无仅有的。这些已经证明黄河文明的源远流长。

在黄河流域的考古还发现，从中石器时代起，黄河流域就成了我国远古文化发展的中心。中石器时代的特征是：社会经济生活以渔猎和采集为主，属于自然经济，还没有出现农业。在中石器时代，细石器的普遍使用促进了狩猎和采集经济的发展。在黄河流域发现的大量以细石器为主的文化遗存，不仅可以填补我国新旧两大石器时代之间的缺环，而且还显示出我国中石器时代细石器工艺最发达的地区就是黄河流域。有的考古学家认为，正是在华北旧石器时代晚期文化的基础上形成了以细工艺传统为代表的中石器时代文化，其后，才在黄河流域发展出以农业经济为主的新石器时代文化。

新石器时代文化距今7000～3700年，按最早发现地点及所代表的发展阶段可划分为早、中、晚三期：早期称仰韶文化，距今7000～5000年，1921年发现于河南潭池县仰韶村；中期称龙山文化，距今5000～4100年，1928年发现于山东省章丘县龙山镇（现济南市章丘区龙山街道）；晚期称二里头文化，距今4100～3700年，最早发现于河南偃师二里头，为夏代文化遗址。

黄河的古代文化遗存几乎遍及整个流域。黄河中下游广大地区是仰韶文化的集中地，从陕西的关中、山西的晋南、河北的冀南到河南大部，甚至远达甘肃交界，以及河套、冀北、豫东和鄂西北一带。早期的代表就是陕西临潼的姜寨。河北中南部的磁山文化，河南的裴李岗文化，关中、陇东的老官台、大地湾文化，是仰韶文化的前身。黄河上游甘肃地区的马家窑洞文化、齐家文化则是仰韶文化的后期，生产和社会的发展都跨入了一个新的阶段。

　　无论学者怎样指点古代的文化遗存，那些无声的文物都在为我们说明，在古代，那浩浩荡荡的黄河全流域的岸边、阶地活跃着我们先祖的身影。流传至今妇孺皆知的"大禹治水"的故事正好是古代中华文化依托人与水的密切关系而产生、发展的极好例证。大禹因治水有功而被"禅让"为部落首领，正好反映了当时人们对于治水工程的重视。在文学方面，我国最早的诗歌总集《诗经》中反映的内容，有相当多的笔墨在描绘水，描绘依水而居的人。这部取材于民间风情为主的诗歌总集向人们展示了中国古典而优美的农耕文化依水而生，伴水而在。

　　上述四个地区从自然环境整体来看各不相同，但却奇迹般地产生了人类早期的文明。这其中除去一些偶然原因，究其实质原因，只有河流的贯穿是始终如一的，可以这样说，如果没有尼罗河的存在，沙漠大陆非洲不可能产生根植于"绿色走廊"之上的古埃及；如果没有两河的浇灌，美索不达米亚平原绝不是苦苦寻觅安居乐业之地的苏美尔人的驻足之处；如果没有印度河、恒河的水利，南亚次大陆不可能产生发达的农耕；而如果没有黄河，华夏祖先至多只能成为蒙昧的游牧部落。由此可以说，是水创造了世间万物，是大河孕育了人类文明。

二、原始阶段人们对水的认识

　　人类的生产活动和生活方式以及自身生存能力的提高无不与水紧密相连。据史书记载：中华民族的始祖——神农氏族的炎帝和轩辕氏族的黄帝就分别出生和逝世于长江与黄河流域，并居住在姜水和姬水一带。我国考古工作者在黄河支流河道两岸发掘出众多的原始村落遗址，像闻名遐迩的裴李岗——磁山文化和稍晚期的仰韶与龙山文化等群落。从这些文化遗址中就出土了大量与水或水生物有关的陶纹图案，尤其是在河南临汝闫村出土的彩陶缸上的陶画——鹳鱼石斧图充分表现出在渔猎采集为主要生产方式的年代人类祖先与水的密切关系。不言而喻，在远古时期曾产生的鱼龙原始图腾正是人与水的这种依恋纽带情结在原始社会的精神活动中的升华表征。我们从"逝者如斯夫，不舍昼夜"（《论语·子罕》）到"上善若水。水善利万物而不争，处众人之所恶，故几于道。居善地，心善渊，与善仁，言善信，正善治，事善能，动善时，夫唯不争，故无尤"（《老子·八章》）等与水有关的论述中，可以看出人类对水性的认识已深深地融化到人们的自然时空观和社会处世哲理中去了。

但是水与火一样，既能给人类生存带来无以比拟的利益，也能给人类生存带来巨大的威胁。18 世纪，法国生物学家居维叶在《论地理表面的变化》一书中就指出：在距今约 5000 年前，即地质学划定的第四纪冰期后曾发生过世界性的洪水和海浸自然灾害。这已被近代考古学所证实。例如在尼普尔废墟中出土的楔形泥版文字中，对这场洪水灾害的记载，就把犹太人《旧约全书》《创世记》的记载提前了 1000 多年。同时在 20 世纪 20—30 年代，从幼发拉底河下游的古乌尔城遗址就发掘出公元前 4000—3000 年洪水的堆积物。据推算当时水深达 8 m 多，并且从洪水堆积层可分属不同文化类型来看，洪灾曾多次发生且存留期也很长。在我国最早的文献史料中也有"燧人氏时，天下多水"（《尸子》）的记载。从"当尧之时，天下犹未平也，洪水横流，泛滥于天下"（《孟子·滕文公上》）和女娲、鲧、舜、禹的治水事迹可以看出东方和西方一样，曾长期多次出现过大规模洪水灾害。我国著名地质学家李四光曾对这场面积之大，来势之凶和历时之长的洪水灾害发生的原因进行过研究，最终他认为这场洪水灾害是由第四纪最后一次冰期所形成的大量冰层和终年积雪，在气候转暖的条件下，迅速融化所造成的。从我国历史上众多的研究水的著作中（如战国《禹贡》、汉魏《水经》和北魏郦道元《水经注》等）可以看出水利与水害在人们意识思想中所留下的深深痕迹，无怪乎司马迁发出"甚哉！水之为利害也"的感叹。由此可知，人类正是在与这场洪荒浩劫的搏斗中，才增强了对自然的认识和抗衡的能力而步入文明时代。这样在东西方出现"精卫填海"和"挪亚造方舟"的传说就不足为奇了。

总体来说，在原始社会，由于生产力不发达，加上各种自然灾害的祸害，世界人口基本上是稳定的，没有太大的变化。人类一方面直接或通过简单的生产工具从大自然获得所需的食物，靠渔猎、采集果实为生；另一方面又要承受大自然给人类生存带来的各种威胁。人类对自然界的水只能趋利避害，消极适应，被动地顺应大自然。这一时期人类既认识到水是万物之源、大地的血脉，"华得其数，实得其量；鸟兽得之，形体肥大，羽毛丰茂，明文明著，万物莫不尽其几，反其常者，水之内度适也"，又认识到"洪水横流，泛滥于天下"。由此可以看出，人类对水利和水害已有了清醒的认识。

三、大禹治水和挪亚方舟对水资源管理的启示

在早期人类的神话传说中，洪水是一个世界性的普遍话题。古老的文明也是从人类与洪水斗争开始的，无论是东方的大禹治水还是西方的挪亚方舟，都说明了在远古洪患时代人们已经开始了与洪水抗争的事实。

大禹姓姒，名文命，因治水有功，后人称他为"大禹"，也就是"伟大的禹"的意思。自古以来我国就是一个水患无数的国家。我国人民与洪水搏斗的故事，就是从大禹的父亲鲧开始的。

相传距今约 4000 多年前，我国是尧、舜相继掌权的时代，也是我国从原始社会向奴隶社会过渡的父系氏族公社时期。那时，生产能力低下，生活艰苦，有些大河每隔周年半载就要闹一次水灾。有一年，黄河流域发生了特大水灾，洪水横流，滔滔不息，房屋倒塌，田地被淹，五谷不收，饿殍遍野。活着的人们只得逃到山上去躲避。

部落联盟首领尧，为了解除水患，召开了部落联盟会议，请各部落首领共商治水大事。尧对大家说："水灾无情，请大家考虑一下，派谁去治水？"大家公推鲧去办理。尧不赞成，说："他很任性，可能办不成大事。"但是，首领们坚持让鲧去试一试。尧只好采纳大家的建议，勉强同意鲧去治水。鲧沿用传统的用土筑堤，堵塞漏洞的办法来治水，他在人们的活动区域周围修筑围墙，洪水来时，不断加高加厚土层。但是由于洪水凶猛，不断冲击土墙，结果弄得堤毁墙塌。鲧治水九年，劳民伤财，一事无成，并没有把洪水制服。

舜接替尧做部落联盟首领之后，亲自巡视治水情况。他见鲧对洪水束手无策，耽误了大事，就把鲧治罪，处死在羽山。随后，他又命鲧的儿子禹继续治水，还派商族的始祖契、周族的始祖弃、东克族的首领伯益和皋陶等人前去协助。

大禹领命之后，首先寻找以前治水失败的教训，接着就带领契、弃等人一起跋山涉水考察水情，并在重要的地方堆积一些石头或砍伐树木作为记号，便于治水时作参考。

考察完毕，大禹对各种水情做了认真研究，最后决定用疏导的办法来治理水患。大禹亲自率领徒众和百姓，带着简陋的石斧、石刀、石铲、木耒等工具，开始治水。

大禹指挥人们凿了一座又一座大山，开了一条又一条河渠。他公而忘私，身执耒锸，以民为先，抑洪水十三年，三过家门而不入，把整个身心都用在治水事业中。终于出现了"九州既疏，九泽既洒，诸夏艾安"（《史记·河渠书》）的局面，大禹用疏导的办法治水获得了成功。

《圣经》是作为西方文明源头之一的基督教神学指导书，将洪水灾害定义为上帝对人类的惩罚。挪亚依靠上帝传授的方法赶造方舟，只能使极少的人和动物得以平安。这非常突出地表明那时西方人尚处在蒙昧阶段，把自然界的一切都看作上帝的安排，永恒不变，神之所赐。而中国祖先却将洪水定义为一种自然现象，所以才有了大禹带领子民与上天作斗争。从这一点可以看出东西方在对水的认知上有很大的差异，显然东方文明要比西方人性、科学得多。我们的祖先一开始就具备拼搏精神，前赴后继，在失败中寻求经验教训，毫不气馁，万众同心，凿山挖渠，引导洪水流入大海，最终成功治水，成功地创造了与洪水抗争的"围堵"和"疏导"的科学理论，这在那时应该是世界领先的科学理论和实践。

大禹治水和挪亚方舟体现了中西文化不同的世界观。挪亚靠神的启示，借方舟逃避了神降给人们的灾难，而同样是面对洪水灾害，大禹则是带领人民一起用疏导的办法战胜洪水，大禹留给人类的是与自然界和谐与斗争的思考。这两者从根本上体现的是世界观、宇宙观上的差异。在中国，一般把宇宙的起源和发展视为一种健动不息的自然过程，而人则是宇宙之中的一个有机组成部分，人要适应宇宙的流程，也就是"天人合一"。正是这种宇宙观，使大禹面对洪水，因势利导，不"堵"而"疏"，铸造了一个治水的伟大时代，造就了一种古老的东方文明。而在西方，却试图为宇宙寻找一个不变的绝对存在，并从这种绝对存在出发规定万事万物的基本性质。作为西方文明源头之一的犹太——基督教神学，就把上帝作为时间和万物的创造者，是上帝拯救了挪亚，从而演绎了西方文明。

大禹治水和挪亚方舟体现了中西方伦理道德观上的差异。两个故事从表面上看形成了西方疏散人、东方疏导水的治水思想上的差异，而从深层次看则体现了西方文化讲究天赋人权，强调个体本位，张扬主体性，而东方文化更强调礼治，讲集体本位和人伦责任的差异。在挪亚方舟故事中，虽然看不到挪亚为人类而斗争的痕迹，却可以看到造方舟的周密计划，感受到他抓住机遇，持之以恒造大船的主体精神，领悟到他利用外部条件应对危机，以退为进的应变思想。而大禹治水精神世代弘扬，培育了中国自省、自律，从集体本位主义出发的礼治思想和重义轻利的文化观，形成了中国人谦和、礼让、重社会责任的优良的民族文化传统。这种文化长期积淀而形成的君义臣忠、父慈子孝、夫唱妇随的外儒内法的社会结构和人伦责任，一方面保证了人与人之间关系的和谐，另一方面促进了国家的统一和社会的稳定，使民族千年延续。

形成东西文化差异的原因是多方面的，差异也是精彩纷呈的。挪亚方舟和大禹治水为我们呈现了中西文化的美丽景观，引导我们走向中西文化差异的源头，启发我们思索中西文化的特质和精髓，促使我们相互借鉴、彼此"扬弃"使"娴静"的中国传统文化与"跃动"的西方文化相映，使东方的责任意识和西方的权利思想相辅，从而生成绚丽多彩的人类文明图画。

自然赋予人类赖以生存的地球，水是重要的组成部分。而人类摆脱蒙昧寻求真理与科学的文化主体虽有民族、地域等差异影响，但从未曾远离水的影响。无论是古代人类社会生产的发展，还是文化成就的生成与辉煌，都产生于对自然，尤其是对水的认识理解和利用中，同时通过多彩的文化表达着对水的认识和理解。

在原始社会阶段，人类虽然谈不上对水资源进行管理，但已学会将水的利害关系及人类对水的认识用绘画和竹简记载下来，这无疑是一个重大的进步。遗憾的是，大量的文献记载没有流传下来，在历史的长河中或是被时间消磨掉了，或是被无情的水或火给吞没掉了。现在只能靠历史学家和考古人员才能挖掘出一星半点的资料。然而就是这些零星的资料就足以证明我们的祖先对水的认识是完全正确的。人类经过长期的繁衍，人口逐渐增长，肉食已不能满足人们的需要，古埃及人引洪水漫灌，标志着人类社会进入农耕时代的初期，开始了以农耕为主的基本生存生产，因此对于水的依赖是不可替代的。河流虽然为古代人类的生存与生产带来了众多的有利之处，然而河水定期或无常的泛滥也使人们饱尝水患之苦。从大禹治水和挪亚方舟的故事中，可以看出东西方古人在对水的认知上有很大的差异。大禹用疏导的方法治水代表了当时的先进理念和科学水平。然而，在那个年代，人与水的关系是一种原始的依水而居的关系，即水多时人群撤离其低洼的居住地，洪水过后再回到原地生存繁衍；水少时人群搬到有水源的地方繁衍生存，依水而居。人类与水保持着一种被动的顺应大自然的和谐状态。

第二节　农业文明阶段的水资源管理

回顾人水关系形成及其演进过程，易于发现人们首先是把水的问题看作工程问题，这也是过去人类历史发展的自然结果，类似的情况可以追溯到很久以前。

人类文明最早出现在水源充足且适宜人类居住的地方。如幼发拉底河和底格里斯河是美索不达米亚文明的发祥地，古埃及文明则发源于尼罗河，而其他诸如印度和中国的农业文明也是分布在印度河和黄河沿岸，一些卓越的工程使沿河的灌溉和交通更加方便，并使得这些古老文明得以延续。

发源于幼发拉底河和底格里斯河的美索不达米亚文明，不仅建立了城市供水系统，还建立了四通八达的水上航道网络。古亚述（Assyrian）首都尼尼微（Nineveh）就坐落在底格里斯河边，却也开凿了一条长 60 km 的运河，用以控制河流及引水上山浇灌那些著名花园。技术同样发达的哈拉帕（Harappan）文明，发祥于印度河长达 1600 km 的河谷地区，很早就利用河水来灌溉、交通和开展贸易。四大文明古国之一的中国也是依黄河而生，大约公元前 5000 年就有人在黄河两岸定居。那里的人们除了面对一般的洪水外，还要面对诸如冰冻、凌汛等的挑战，但是他们同样也开凿了一条 1500 km 的运河，而且 2500 年后还在使用。

从历史的进程看，各国采用的工程措施在序列上是一致的，所不同的只是持续时间上的差异。在最初阶段，水资源一般比较充足，通常采取提水和输水等水利工程措施，以提高水资源的可利用性；随着水资源开发程度的提高，水资源相对不足，逐渐过渡到水资源综合配置阶段，如建筑大坝、修建水库、开凿人工运河、实施调水工程、改善灌溉设施等。就具体的工程措施而言，主要分为两类：一是建筑大坝，以形成水库；二是兴建渠道工程，以便把水输送到需要水的地区。

一、水工程兴起

从狩猎者和捕鱼者变成农耕者，从"穴居野处"的游移不定的生活转为定居生活，由"采食经济"变为"产食经济"，是人类历史上具有决定意义的变革。由于农耕经济的形成，人类摆脱了单纯依靠大自然赐予而生存的状况，开始通过自己的耕耘来获得生活资料和创造物质财富，由此人类社会从原始社会跨入农业社会。进入农耕时代后，农业文明更是离不开滔滔江河的滋养和哺育。江河密布、水量丰沛的地区，一般都是粮食生产的主要产区。也是世界文明的发祥地。世界四大文明古国——古埃及、古巴比伦、古印度和中国，无不首先在大河冲积平原发展起来，无不借助于河流的慷慨赠予，这是举世公认的事实。但是，天然降水以及地表水和地下水的时空分布并不总是能满足人类生存和发展的需要。因此，人类社会的发展史离不开有益生存的水利建设，也离不开治理水害的斗争。

早在人类进入农业文明的初期，人与自然的关系仍然是以自然为主导地位，但随着生产和科学的进步，人类开始了最初的治水活动。人们引河水灌溉农田，在洪水淤积的土地上耕种，由于灌溉对提高农业产量的巨大作用，人们渐渐地不满足于引水灌溉，而逐渐学会了修建渠道来引水灌溉。而灌溉农业的兴起，又给人类文明创造了良好的条件。世界四大文明古国都起源于河流的开发。首先，他们的地理位置都在大江大河的平原上，都留下了当时发展农业生产和航运事业的遗迹：古代埃及早在公元前 3400 年就沿尼罗河谷地引水灌溉土地，灌溉农业的发展使古代埃及国家走向统一并建立了中央集权制，中央集权的统一国家反过来又促使灌溉农业的大发展。因此，不论是前王朝时代的埃及居民，还是法老埃及时代的统治者们，都把土地视为最大和最宝贵的财富，都把发展灌溉农业置于首位。法老埃及时代的第一位国王美尼斯就十分重视灌溉农业的发展，把全国的水利灌溉事业置于国家的统一管理之下，设立灌溉大臣，专门负责修建和管理水利灌溉工程。公元前 2900 年左右，埃及出现了为孟菲斯城供水的工程，同时修建了世界上最古老的大坝——科希斯砌石坝。这些坝不仅可以用于蓄水灌溉，而且可以用于军事目的。印度、巴基斯坦在公元前 3000 年左右就沿印度河兴建了不少引水灌溉工程。在公元前 2500～前 1700 年，印度河流域出现了两座大城市——摩亨佐·达罗和哈拉帕，从摩亨佐·达罗的考古发现来看，这座城市已有完整的供排水系统。古代巴比伦人于公元前 21 世纪在幼发拉底河和底格里斯河的两河平原（巴比伦王国）开始引水灌溉，他们沿着底格里斯河开挖了两条大型渠道，即位于左岸的勒尔万渠和位于右岸的狄加尔渠。中国古代的水利事业更是兴旺发达，夏朝我国人民就掌握了原始的水利灌溉技术。商代实行井田制，井田由开挖的灌排沟洫分开，实际上可看作初级的农田水利体系，到了西周已有蓄水、灌排、防洪等事业，春秋战国时代开始兴建鸿沟，而后又修建了都江堰、郑国渠，大大促进了中原和川西农业的发展，其后又建白渠，使农田水利事业由中原向全国发展。到了隋唐宋和元明清时代，水利工程更是在全国遍地开花，蓬勃发展。先是沟通了长江和淮河，后来贯穿了中国南北的举世闻名的京杭大运河工程，不仅促进了沿线灌溉农业的发展，而且大大促进了航运事业的发展，加快了南北物资的流通，促进了商业的发展，推动了整个社会经济的繁荣。不仅在四大文明古国，而且在欧洲、中亚，灌溉农业也获得了一定的发展。例如，早在公元前 9—前 8 世纪，乌拉尔图王国曾修建了许多渠道和水库，以灌溉花园和葡萄园。在公元 98—117 年，罗马帝国建造了许多水坝，其中比较著名的是现今西班牙境内的科纳波坝，坝高 24 m，长 200 m，用于灌溉，该坝至今仍在使用。在那个时代，为了发展贸易，在古俄罗斯，河流几乎是交通的唯一途径，而且是在自然状态下利用，邻近区域彼此之间的联系依靠的是"连水陆路"。"连水陆路"连接了欧洲平原所有主要河流的区域，而且早在 12 世纪上半叶，古俄罗斯人就曾进行过把河流变直和修建连接通道的尝试。例如，1133 年，古俄罗斯人在伏尔加河上建筑了一座拦河坝，试图把水拦蓄在河里，使得伏尔加河与诺夫哥罗德通过波拉河和洛瓦季河连接起来。在 13 世纪，古俄罗斯人在小型河流上修建水磨。从 16 世纪开始，水发动机不仅用来磨粉，而且用来漂洗呢绒。在 17—18 世纪又发展出用于造纸厂、矿山和其他工厂的水轮。16—18世纪是欧洲运河的大发展时期。法国于1642年建成了布里亚尔运河，1681年建成朗格多克运河，把比斯开湾与地中海连接在一起；德国把易北河、奥得河和威悉河连接在一起；英国于1761年开通了布里奇沃特运河等。此外，在世界其他地方也有引水灌溉、修渠筑坝、加固堤防和开凿运河的记载。

在农业文明阶段，我们的祖先开始修渠筑坝，引水灌溉，排水除涝，发展航运，与洪水抗争。由于大大小小水利工程的兴建，人类对河流水资源进行了初步的开发，也品尝了水利工程给人类带来的利益，对自然界的水旱灾害也有了一定的防御能力。

但是，人类的生存与福祉，从根本上讲是依赖于水的可获得性，洪水与干旱，不仅使人类遭受巨大痛苦，而且常常夺去人与牲畜的性命。美国前副总统戈尔在其著作《濒临失衡的地球——生态与人类精神》中所论述的史实，说明了在农业文明时代水旱灾害给人类造成的重大损失。

大约3000年前，在底格里斯河、幼发拉底河和尼罗河的肥沃河谷中最早出现了高度组织的社会。然而由于气候的变迁，一年中大多数时候干旱，每年都有洪水泛滥——迫使人类社区集中于河谷。保存和分配灌溉用的泛滥河水、收藏每年收获的粮食、分发食品等任务都要求人类社会的基本机能要设置得当。

在16世纪，印度完全放弃了当时的都城法特普尔西克里，这正好发生在西南季风模式突然改变，剥夺了该城水源之后。该城的居民被迫迁往他乡，这只不过是对在印度次大陆早已出现的情况的重复。事实上，主要因气候改变而造成帝国崩溃的先例之一出现于24个世纪之前，就在法特普尔西克里以西数百英里（1英里约合1.6千米）处。在公元前1900年以前的上千年时间中，印度河文明在现今的印度西北部及巴基斯坦一带十分繁荣。然后，突然间，在气候历史学家所说的极地冷空气南下进入加拿大之时，印度河一带的气候形态改变了，曾经是大城市及居民点的地方被埋在拉杰普塔纳沙漠的沙丘之下，居民被迫迁移他处。

在新英格兰，1816年6月普遍下雪，整个夏天都有霜冻。从爱尔兰经英格兰直到波罗的海沿岸各国，从5月至10月几乎不中断地下雨。气候形态的扰动准确地预示了社会后果：粮食歉收，食品短缺，从不列颠群岛到欧洲大陆，社会几乎崩溃。历史学家波斯特称之为"西方世界最糟糕的一次生存危机"。在人与水的抗争中，人类承受了巨大的苦难和牺牲，正是这些灾难使农业社会的人口数量增长缓慢。

以上简要地介绍了水旱灾害给人类带来的苦难，虽然挂一漏万，但足以看出祖先的聪明才智和他们在苦难中的奋斗精神。世界水利工程发展史实质上就是人类与自然的水旱灾害斗争史，是人类发展史的重要组成部分。祖先给我们留下的水利史料、工程遗迹和先进事例是无价之宝和精神食粮，"以史为鉴可以知兴替，以人为鉴可以明得失"，数千年来积累下来的经验教训，是永远值得我们学习和吸取的。

二、水管理兴起

随着水利工程的发展，水利管理逐渐兴起，并且也有长足的进步。因为水利工程的发展与社会文明的进步和社会经济有着非常紧密的联系，水利工程管理不仅能带来正常的运行和取得最大的效益，还直接关系到工程的兴废和持续利用，同时水利管理是社会政治文明的一个重要组成部分。水利工程一般规模较大，常常汇聚着千百万人的共同劳动，涉及不同行政区划。水利工程效益的发挥，无论是防洪、灌溉、航运、城市供水等都涉及许多方面，牵涉众多地区和部门的利益，而各方面利益往往并不一致，因此需要从全局出发去协调有关方面。既保证受益与出工的相对合理，又能使有限的水资源得到充分利用。因此，更加需要政府出面来统一规划、组织和管理。

在人类社会的早期阶段，几乎所有的文明古国如中国、古埃及、古巴比伦、古印度等，都依靠一些不成文的习惯法对水资源进行管理。这些习惯法包括历史惯例、乡规民约及宗教国家的经典、教观和教义中体现的共同准则等。按照当时的惯例，水资源作为公共品由全社会共同所有，水源的分配和使用受到严格控制，并根据可得水量的季节性变化进行调整；在航运、娱乐、渔业等用水途径还没有产生时，水资源的主要用途是人畜日常用水和少量的生产发展用水，如灌溉、城市供水和排污等，这些用水都是免费的，但要受到严格的控制；供水系统由使用者建造和维护，并通过选举管理者代表公众进行管理。事实上，在习惯法阶段的规则和制度中，已经隐隐可以看到现代水资源法律管理的一些主要内容，如水权、水费制度的安排，水利工程的管理模式等。而且，由于当时人们对自然的敬畏，使得这些规则充分体现了与自然法则的和谐统一，这也正是如今人们在立法中希望重新建立的基本原则。

三、水利规划

水利规划是人们通过治水实践不断探索、逐步完善的。其初始概念，可追溯至世界各文明古国最早出现的水利工程。许多著名工程如古埃及在美尼斯王朝时修建的尼罗河引洪淤灌工程，中国在春秋战国时期兴建的芍陂、都江堰等工程，都各具特色并取得良好效果，说明人们很早就认识掌握了水和水利措施的某些规律，并在工程安排上有所体现。中国秦代，针对各自为政的弊端，实行"决通川防、夷去险阻"，统一了黄河下游各段堤防，形成了较完整的堤防体系，体现了全面规划原则，是规划思想上的一个重要发展。秦、汉以后，由于客观上要求扩大生产基地，原先开发较少的丘陵区和沿江沿湖沼泽地带逐渐成为人们集中活动的新领域，也由于治水实践中一些新问题的出现，进一步促使人们从更大范围更多方面进行规划研究，并更加重视了规划的全面性与综合性。北宋时期郏亶关于治理太湖水网地区的设想（见太湖水利史）、明代潘季驯、清代靳辅关于治理黄河的主张，都注意到水旱兼治、洪涝兼治、水沙并重，并注意对上下游采取综合措施。起源于春秋时期，到元代开通的京杭大运河，在线路选择、防洪、防淤处理和水源安排上都有创造。这些都属中国古代综合治理、综合利用水资源的思想体现。

总体来说，在漫长的农业文明时代，由于社会生产力水平相对落后且长期停滞，社会对水资源的需求处于低水平状态，社会对水利的需求主要表现为灌溉、防洪和水运，自流灌溉是水利在这一时代的主要表现形式。特别是在与洪水的抗争中，人们又学会了筑堤防洪，筑堤堵决不成功时又发明了疏导理念，创造了"禹疏九河，通济、源而注诸海，决汝汉，排准洒而注于江"（《孟子·滕文公上》）的伟大壮举，充分表现出人类控制河流、治理河流的能力。由此可见，早在农业文明阶段，人类就形成了以灌溉、防洪、排水、航运、城镇供水为主要内容的水利概念，并为了这些目的修建了数以万计的水利工程。

在那个年代，水利工程主要是凭经验建设的，无论是灌溉渠道，还是大坝都是如此，一般都是使用当地建筑材料，用人力畜力和简单机械进行施工。在整个水利工程发展史中，水利工程建设是在农业文明阶段诞生的，并且得到了不断的发展与壮大，所经历的历史是最长的，从有记载的历史算起，有 5000多年的历史，在这样漫长的历史阶段，水利工程从无到有，从小到大，从四大文明古国发展到世界各国。可以说水利工程不仅与世界文明同步发展，而且对世界文明的发展具有相当大的促进作用。水利工程技术也在人们的长期实践和摸索中缓慢发展，人类慢慢地积累了许多丰富的实践经验，为近代和当代水利工程的发展打下了坚实的基础。但是，尽管人们建设了数以万计的水利工程，在人与水的搏斗中，人类仍然是弱者，人与水的关系是以自然为主导地位的从属关系。

水利管理随着水利工程的诞生而诞生，也随着水利工程的发展而发展。纵观世界水利管理的历史，凡是那些设计符合河流水文变化规律的水利工程，加上良好的管理，则这些工程就能长期运行，如叙利亚的霍姆斯坝运行了3300多年，至今仍在使用，我国的都江堰运行了2250年，至今仍然发挥着巨大的经济效益，此外，还有西班牙在罗马帝国时代建成的科纳波坝和普罗塞比纳坝，埃及和印度古代修建的一些灌溉渠道等。应该说这些运行了千百年的古代水利工程，是祖先留给我们的瑰宝，我们应当倍加珍惜和爱护，应该好好地研究它们的设计原理和管理经验，相信这些工程的设计和管理蕴含丰富的科学和技术内涵，我们应该吸收其精髓并用于当代的水利工程。古代水利管理留下的规章、制度和经验也为今天的水利管理提供了借鉴。

　　总之，在农业社会，人与水的关系在整体上保持相对和谐的同时出现了阶段性和区域性的不和谐。农业社会的生产力水平较原始社会有很大的提高，产生了以耕种与驯养技术为主的农业生产方式，形成了基本自给自足的生活方式，以及以大家庭和村落为主的社会组织形式。随着人口数量的增加，活动范围的不断拓展，人类通过修建水利工程来大量利用水资源的同时，已出现了过度引用水资源的征兆，特别是为了争夺水土资源而频繁发动战争，使得人与水的关系出现了局部性和阶段性紧张。但从总体上看，人类开发利用水的能力仍旧有限，人与水的关系仍能保持相对和谐的状态。

第三节　工业文明阶段的水资源管理

　　1784年，随着世界第一台蒸汽机在英国诞生，轰轰烈烈的工业革命开始了。在不到200年的时间里，科学技术取得了突飞猛进的发展，生产力得到了极大的提高，人类基本上摆脱了对大自然的依赖，能够通过科学技术来控制、改造和驾驭大自然。在意识形态上，"人定胜天"思想逐步占据了主导地位。随着世界人口的大量增长，社会经济的发展对水的依赖性越来越强，对水资源需求量越来越大，对水资源管理的要求也越来越高。当然，各个国家不同时期的水资源管理与其社会经济发展水平和水资源开发利用水平密切相关；同时，世界各国由于政治、社会、宗教、自然地理条件和文化素质水平、生产水平以及历史习惯等因素，其水资源管理的目标、内容和形式也不可能一致。但是，水资源管理目标的确定都与当地国民经济发展目标和生态环境控制目标相适应，不仅要考虑自然资源的条件，而且还要充分考虑经济的承受能力。发达国家生产规模、生产和生活方式的巨大变化，极大地刺激了人们从河流中获取财富谋求社会进步的欲望。众多水利工程的兴建，大量工业和生活废水排入河流，对河流形态、资源能力、运动规律及河水品质产生了巨大影响。河道断流，河床萎缩，湖泊干枯，尾闾消失，水质污染加剧，生物多样性减少，直接导致了河流生态的空前危机。

一、水工程发展

在一些国家进入以工业生产为主的工业文明阶段，水利事业也进入了一个崭新的发展阶段。在这个时期水利的基础科学——水文学、水力学、土力学、河流动力学、材料力学、结构力学等应用力学开始建立，从而推动了水利应用科学的长足进步，使得水利工程建设从凭经验设计上升到用理论来指导设计，从而在水利工程建设上取得了重大突破，并使水利成为独立的学科。1824 年，英国人阿斯普丁发明了硅酸盐水泥，从而带动了混凝土结构的发展，19 世纪下半叶出现了钢筋混凝土，进一步推动了重力坝和拱坝的发展。从此以后，坝工、水电、灌溉排水、航运、防洪等水利事业先后在欧洲、北美洲和大洋洲、亚洲和非洲得到了较快的发展。

在坝工技术发展方面，19 世纪 50 年代，土石坝和拱坝的设计理论和分析方法获得了发展。1847—1854 年，法国建成了世界上第一座用理论进行设计的拱坝；1862—1866 年又建成了世界上第一座用理论进行设计的重力坝，这是当时世界上最高的重力坝，坝高 60 m。此后，西班牙、意大利、英国和法国在其殖民地开展了较大规模的水坝建设。而美国在这个阶段发展缓慢，比欧洲要落后二三十年，且基本上沿用欧洲的筑坝技术。由此可见，在从 1784 年工业革命开始到 19 世纪末，法国的筑坝技术领先于世界各国，并且在欧洲迅速发展，欧洲是世界的建坝中心。随着殖民地活动的发展及科技信息传播的加速，筑坝理论和技术传到美国及非洲、亚洲和大洋洲的少数国家。

进入 20 世纪，由于资本主义在欧洲迅速发展及资本主义的掠夺性和侵略本质，欧洲忙于世界大战，并且成为两次世界大战的主战场，无力顾及水坝建设，而美国乘两次世界大战之机大力发展经济，特别是集中精力在其西部领土上以大坝建设为重点大力进行经济开发，并早在 1902 年就成立了以建坝为主要任务的垦务局，1936 年美国建成高 221 m 的胡佛坝，并创造性地发展了筑坝技术。20 世纪三四十年代是美国坝工建设的鼎盛时期，大坝数量成倍增加。1900 年以前，美国共建大坝 148 座，到 1973 年便增加到 4918 座，73 年间增加了 33 倍，平均每年建设大坝 65 座。第二次世界大战以后，坝工建设则在全球普遍兴起，技术水平更是突飞猛进，一大批代表现代科技水平的"高坝大库"在世界许多江河上横空出世，总库容已达 6 万多亿 m³，大大增加了对河川径流的调节能力。据国际大坝委员会 1986 年登记，坝高 15 m 以上的大坝约为 3.6 万座，其中坝高在 200 m 以上的有 26 座。世界最高的坝是苏联于 1989 年建成的罗贡坝，坝高 335 m。

在水电建设方面，随着发电机和输电技术的发明和应用，1878 年法国建成世界上第一座水电站，但直到 20 世纪初水力发电仍然是新兴事业。水电站只是零星散落在世界各国的河流上。根据联合国统计资料，1950 年全世界水电装机约为 7200 万 kW，到 1986 年已增至 5.6682 亿 kW，增长了 6.9 倍，平均年增长率 5.9%。1950 年，世界各国水电总发电量为 3360 亿 kW·h，占全世界可开发水能资源的 3.4%。1986 年，全世界水电总发电量为 20271 亿 kW·h，占世界可开发的水能资源总量的 20.6%。但是，世界水能资源的开发程度很不平衡。发达国家在其经济发展过程中，大都优先开发廉价的水能资源，故开发程度较高。根据 1986 年统计：瑞士开发了其水能资源的 98%，法国为 95%，意大利和英国为 90%，联邦德国为 76%，瑞典为 72%，日本为 68%，美国为 40% 等，苏联的欧洲部分为 60%。而发展中国家拥有全世界 65% 的水能资源，但开发较少。近年来，有些国家正在大力开发水电，如巴西、墨西哥、委内瑞拉、印度、土耳其、伊朗等，开发程度仅为 15%～30%，中国虽是世界水能资源的第一大国，但开发程度还很低。

在灌溉排水方面，工业革命也给农业灌溉带来了快速发展。1800 年左右，全世界共有灌溉面积 800 万 hm²。19 世纪的主要骨干工程有：1825 年在印度高韦里河三角洲灌区和亚穆纳水渠，1826 年埃及拓宽其灌溉渠道，南亚次大陆的恒河上游灌渠（1854 年），上巴里·多阿水渠（1850 年）和锡尔欣水渠（1873 年）、杰纳布河下游灌渠（19 世纪末）、戈达瓦里河三角洲灌区（19 世纪末）；意大利还有卡武尔渠、马里诺渠和维诺雷西渠。此外，美国西部也修建了大量的工程。20 世纪初，全世界共有灌溉面积 4800 万 hm²。1950 年，全世界的灌溉面积为 9600 万 hm²，占世界耕地总面积的 7%，到 1986 年已增至 2.33 亿 hm²，占耕地总面积的 17%，其粮食产量占全世界总产量的 40%，其产值达全世界农业总产值的一半。

由于农业灌溉的急剧发展，土壤次生盐碱化问题日益突出，推动了灌排水工作的进一步发展。埃及棉田的盐碱化迫使该国于 1909 年以后大力发展排水。美国于 1849—1850 年建立了沼泽地法案，英国于 1918 和 1930 年颁布国土排水法案，提供 300 万英镑用于排水计划。截至 20 世纪 60 年代末，全世界有人工排水设施的土地总面积约为 1 亿 hm²。

在内河航运方面，19 世纪以后，世界各地开挖的运河迅速增加。1893 年，希腊开挖了科林斯运河，把爱奥尼亚海和爱琴海连接在一起。在中欧，1840年建成的路德维希运河，将多瑙河、美因河和莱茵河连接起来。俄国于1804年，在伯瑞西纳和德维纳河之间开凿了一条运河，此后俄国又将伏尔加河、第聂伯河、顿河、德维纳河与鄂毕河的上游连接在一起来发展航运。美国于1825年完成了580 km长的运河，于1829年兴建了韦兰运河。19—20世纪最重要的运河工程是基尔运河、苏伊士运河和巴拿马运河。基尔运河早在1784年就已初步凿通，19世纪末拓宽、加深和截弯取直后，缩短了英吉利海峡至波罗的海的航程；苏伊士运河于1869年通航，它是连接红海和地中海的一条无闸水道，大大缩短了从地中海到印度洋的航程；1914年通航的巴拿马运河是沟通太平洋和大西洋的国际水道，促进了世界水运事业的发展。当代世界第一大港荷兰的鹿特丹港，年吞吐量已达3亿吨。

在防洪工程方面，德国大约在1800年提出整治莱茵河报告，在1807年提出城乡防洪计划。1817—1824年，德国在卡尔斯鲁厄地区建成了4处河道截弯工程。1863年，美国成立陆军工程兵团，除负责军事工程外，还负责美国主要河道的防洪、航运、水力发电和河道整治工程。1870—1875年，奥地利兴建了首都维也纳的防洪系统。1885年前后，法国与瑞士整治了两国之间的莱茵河段。1877年，俄国开始在库班河流域兴建防洪工程。美国联邦政府在1879年批准在陆军工程兵团下设立密西西比河委员会，开始对密西西比河进行治理，20世纪初期在迈阿密河为代顿市防洪修建了5座水库。1917年，美国国会通过了第一部防洪法令。第二次世界大战前后，由于大规模的水库建设而进入防洪与兴利相结合的综合利用水资源的新阶段，水库防洪也得到较大发展。如美国田纳西河流域开展了防洪、航运与水力发电的综合治理。随着城市和大工业区的发展，一些国家的主要江河的防洪系统基本建成，如美国的密西西比河，欧洲的多瑙河、莱茵河，埃及的尼罗河，日本的利根川、淀川。苏联、加拿大、印度等国在第二次世界大战后，都先后兴建了大型防洪工程，提高了江河的抗洪能力。由于完全运用工程措施防洪，特别是防御百年一遇的大洪水既不经济，又不合理，因此防洪非工程措施越来越受到重视。进入20世纪70年代后，一些国家在对河流进行治理开发时，逐渐意识到要实现经济效益、社会效益和环境效益的统一。

二、水管理发展

按照《中国资源科学百科全书·水资源学》的解释，水资源管理是指水行政主管部门运用法律、行政、经济、技术等手段对水资源的分配、开发、利用、调度和保护进行管理，以求可持续地满足社会经济发展和改善环境对水的需求的各种活动的总称。广义的水资源管理，可以包括：①法律，立法、司法、水事纠纷的调解处理；②行政，机构组织、人事、教育、宣传；③经济，筹资、收费；④技术，勘测、规划、建设、调度运行。这四方面构成一个由水资源开发（建设）、供水、利用、保护组成的水资源管理系统。这个管理系统的特点是把自然界存在的有限水资源通过开发、供水系统与社会、经济、环境的用水需求紧密联系起来的一个复杂的动态系统。由于水资源管理系统过于复杂，这里仅从上述四个方面中各选择一项即管理体制、水利法规、水利规划、水价调节来对世界主要国家的水资源管理情况做一个简要介绍。

（一）管理体制

世界各国根据各自的自然气候特点、水文水资源条件、经济社会发展状况等，采取了相应的水资源管理体制和管理制度。目前，国外水资源管理体制大体可以分为以下三种类型。

1. 以行政区域管理为基础但不排除流域管理的管理体制

以行政区域管理为基础但不排除流域管理的管理体制又可分为国家、地方共同管理和直接由国家管理两种管理体制。国家、地方共同管理的主要有美国、澳大利亚、加拿大、瑞士、比利时、荷兰等国家；由国家直接管理的主要有奥地利、丹麦、瑞典、意大利、墨西哥等国家。这种管理体制以美国最具代表性。

2. 按水系建立流域机构并以自然流域管理为基础的管理体制

按水系建立流域机构并以自然流域管理为基础的管理体制，以西班牙等一些欧洲国家为代表，其中以法国最为典型。

3. 按水的不同功能对水资源进行分部门管理的管理体制

按水的不同功能对水资源进行分部门管理的管理体制以日本为代表。美国水资源管理体制在近几十年呈一种由分散走向集中，又由集中走向分散，现在又趋向集中的管理模式。20世纪50年代以前，美国在1902年成立的垦务局只负责17个州的水资源管理，田纳西流域管理局负责其流域内的7个州的水资源管理，其他各州或是由大河流域委员会负责，或是自己负责。1965年，鉴于水资源分散管理不利于综合开发利用，美国联邦政府成立了全美水资源理事会和各流域委员会。全美水资源理事会由总统直接领导，负责水土资源的综合开发和规划。到20世纪80年代初，美国联邦政府又撤销了水资源理事会，成立了国际水政策局，只负责制定水资源的各项政策，不涉及水资源开发利用的具体业务，把具体业务交给各州政府负责。

荷兰的水资源管理体制也是经过重组和整合，才逐渐地走上水资源一体化管理的道路的。德国和英国没有独立的国家水资源管理机构，由流域和州管理水资源的开发和利用。埃及是一个缺水国家，在水资源的管理上实行集中统一管理。无论是地表水、地下水、废水都由水资源灌溉部实行统一管理与分配，并实行立法管理。

（二）水利法规

进入工业社会以后，水利管理法规随着水利工程的迅速发展也有了很大的发展。对水资源以立法的形式进行管理是社会进步的具体表现。为水资源的开发、利用、治理、配置、节约和保护提供制度安排，调整与水资源有关的人与人的关系，并间接调整人与自然的关系，是水资源管理法规的主要目的。依法管理是实现水资源价值的有效手段，在水资源管理中具有基础性地位。

水资源管理的立法形式，广义地说，应包括国家宪法条款、国家立法机关通过的法律、政府颁布的通告、规定、部级决定、地方和城市发布的条例等。1976 年，国际水法协会在委内瑞拉首都加拉加斯召开的关于水法和水行政法的第二次国际会议上提出，水资源管理的立法内容应包括所有有助于合理保护、开发和利用水资源的活动，按照水量、水质及水和其他自然资源或环境因素的关系拟定，其具体包括：国家水政策目标及实现途径、水的控制和主权权利、用水权的取得、有关水源和用水的禁令、用水优先权、用水条件、水害的防止、水事法律责任、管理方式、用水新技术的审查和批准等。

第一次世界大战以前，尽管欧洲、美国和澳大利亚等国家已建设了一大批水利工程，但只是零星地颁布了一些水资源管理法规，例如，因泰晤士河被严重污染，1852 年英国政府颁布了《城市水法》，禁止将泰晤士河感潮河段的水作为饮用水源。19 世纪末，澳大利亚墨累河流域连续 7 年大旱，严重的水资源矛盾迫使各州共商水资源分配问题。经过长时间磋商，1914 年澳大利亚联邦政府、新南威尔士州政府、维多利亚州政府及南澳大利亚州政府共同签署了墨累河分水协定，成立了墨累河委员会负责分水协议的执行。此外，日本明治维新后开始制定河川法。

进入 20 世纪，随着各国法律体系的不断发展和完善，水资源管理立法也进入了新的阶段。各国不但在宪法、民法等法律中纳入水资源管理的条款，而且开始制定专门的水法。例如，法国于 1926 年颁布了水法，美国国会于 1928 年通过了密西西比河下游防洪法。英国于 1945 年制定了一部较为综合性的水法，该法汇集了英国的早期立法，提出了一套较为完整的水工程规则，同时鼓励水公司和水委员会合并，成为英国水工业私有化的基础。20 世纪下半叶以来，是国际水法历史发展最重要的时期。在这一时期，世界各国的水资源被广泛开发利用，用水量迅速增加。水资源开发利用带来的综合利用、用水管理、投资分摊、环境保护、组织体制等一系列问题都反映到水法中来，许多国家，包括发达国家都在修订旧的水法，或制定新的水法。例如，苏联最高苏维埃于 1970 年通过了苏联和各加盟共和国水法纲要，美国于 1936 年颁布了历史上第一部综合性防洪法，德国于 1976 年制定了水法。西班牙于 1985 年颁布《西班牙水法》，以色列、伊拉克、南非共和国，甚至世界水资源第一大国巴西都颁布了水法。国外一些文献称这一时期为现代水法的形成和发展时期。

纵观世界各国水法，大致归纳为两种类型：一类以英、法等一些欧洲国家为代表，他们制定了一个基本水法，内容包括水资源开发、管理、保护等方面的基本政策；此外他们还制定了专项法规，如英国于 1973 年颁布的水法，规定了水务局的设置、职能及水管理任务等；法国于 1964 年颁布的水法侧重水的分配、防止污染等。另一类以美国、日本等国为代表，他们根据水资源利用和管理的需要制定针对各种目的的法规，但没有一个基本水法。如美国、澳大利亚没有统一的国家水法，而各个州根据各自的需要制定自己的水法，而有关大型水工程的规划、拨款、建议和管理几乎都是通过国会立法确定。美国自 1824 年国会批准第二个有关水的法规《河道和港口法》至 1983 年里根政府批准《水土资源开发利用研究的经济与环境原理和指南》，其间共制定有关水的法规数十个。日本著名的水法有《河川法》《水资源开发促进法》《水污染防治法》等。

通过各国立法的变化，我们可以看到这一时期水资源法律管理的一些特点：管理内容不断丰富，几乎涉及水资源开发利用全过程的所有问题，这也体现了法律管理在水资源管理中的基础地位。同时，随着管理内容的增加，水法规不再仅仅体现在其他法律中，专门的水资源法律开始颁布并不断增加，水资源法律体系逐渐形成。

此外，针对国际河流水资源的开发和利用问题，一些国际组织和有关国家还制定了大量的国际法规和协定。从 19 世纪至今，国际上已经制订了很多与水资源相关的双边或多边条约。根据条约针对范围的不同，大体可以分为两类，一类是全球性的法案，如 1966 年国际法协会通过的《国际河流水利用的赫尔辛基规则》，1997 年联合国大会通过的《非航行利用国际水道法公约》；另一类则是区域性的条约或协定，如 1948 年有关国家在贝尔格莱德签订的《多瑙河航运制度公约》。客观地讲，实践中能起到一定作用的多为区域性条约或协定，全球性法案所发挥的效用极其有限。而且，目前并不存在一个得到世上大多数国家认可的国际水资源公约。不过，考虑到水资源的重要性，以及国家间日益增多的水资源纠纷，因此有必要订立一个统一的国际公约，来确立国际水资源保护和利用的基本原则，明确流域国的基本权利与责任，并指导各流域双边或多边条约的签订。

根据水资源条约关注重点的不同，可以将目前众多的国际水资源条约分为侧重水质保护和侧重水量分配使用两类。一般来说，位于西欧、北美等地区，沿岸多为发达国家的国际流域，所签订的条约大多是为了解决流域水质的恶化问题；而位于亚非拉等不发达地区的国际流域，相应的条约则多为处理水量的分配和利用问题。当然，这并不是绝对的，还与流域所能提供的水资源总量，以及流域所处区域的气候、自然条件、人口状况等因素有关。总之，在国际水资源管理中，流域性的国际水资源条约是关键所在。就一个国际流域而言，只有通过订立相应的双边或多边条约，才能促使其管理由多国分别管理向流域一级统一管理转变，实现水资源管理信息的充分交流，提高国际水资源管理水平。

国外文献概括了国际水资源立法的若干经验：水法的现代化趋势、现代水资源利用和管理中的新成果、新矛盾的解决等，不断反映在水资源管理的立法中；根据需要从多方面进行立法，实践表明，由于水资源利用和管理的复杂性，不论有无基本水法，都需要制定多方面的水法规；水法，包括基本水法，既要保持相对稳定，也要适时修改过时的条款。

（三）水利规划

水利规划是指为了防治水旱灾害、合理开发利用水土资源而制定的总体安排，水利规划是水利建设重要的前期工作，也是水利科学的一个重要分支。其基本任务是：根据国家规定的建设方针和水利规划的基本目标，并考虑各方面对水利的要求，研究水利现状、特点，探索自然规律和经济规律，提出治理开发方向、任务、主要措施和分期实施步骤，安排水利建设全面、长远计划，并指导水利工程设计和管理。

国家规定的水利规划的基本目标，包括经济、社会、环境等目标，通称规划目标。它是各个时期国家侧重点的体现，是规划总体安排的最高准则。

许多国家大都于20世纪30年代前后，开始编制较大范围的水利规划和较大规模的工程规划，并逐步把水文学的理论、方法，用于工程水文分析；把水利计算的理论、方法和水力学、水工结构学、农田水利学、河工学等的专门技术，用于研究治理开发措施及其效应和影响，把水利经济学的理论、方法，用于进行规划方案的评价与比较。大体到20世纪40年代末已初步形成了包括调查方法、设计技术、规划方案论证与评价准则等较完整的近代水利规划的理论体系。在这期间，我国在陕西修建的泾惠渠等灌溉工程和编制的一些规划报告如《顺直河道治本计划报告书》《永定河治本计划》《导淮工程计划》等在科学性、完整性上都有了很大提高。20世纪50年代后，随着各国的实践，规划工作不断取得新的进展。我国在吸取一些国家的理论和经验的基础上，通过编制黄河、长江等各大江河流域规划和一些其他水利规划，积累了丰富经验，形成了适合我国情况的规划途径和方法。从20世纪50年代至60年代末，世界各国水利规划的研究内容，大多侧重于探讨水土资源的综合平衡与工程本身的综合利用，在方法上，则侧重于计算技术的改进。随着水文、水利计算、工程经济、系统工程等学科的发展和电子计算机的广泛应用，某些计算理论、计算方法得到了完善，使方案研究有了更加可靠的基础，并能从更大范围进行优选。20世纪70年代后，研究内容转为侧重于规划目标与评价准则方面。针对人口、资源、能源、生态环境等新情况的出现，许多国家对水利规划的目标要求大都由以往单一的国家经济发展目标逐步转移到更广泛的社会需求方面，从而提出了包括社会、环境在内的多目标水利规划。多目标问题的提出，涉及更多的新领域，进一步促使水利规划发展成为一门自然科学、技术科学和社会科学相互渗透的综合性学科。

　　水利规划按治理开发任务可分为综合利用水利规划和专业水利规划。综合利用水利规划，即统筹考虑两项以上任务的水利规划；专业水利规划，即着重考虑某一任务的水利规划。水利规划按研究对象又可分为：流域规划，即以某一流域为研究对象的水利规划；地区水利规划，即以某一行政区或经济区为研究对象的水利规划；水利工程规划，即以某一工程为研究对象的水利规划。此外，随着一些地区水资源短缺问题的出现，水利规划需要以两个或两个以上流域为研究对象，按照国民经济发展要求和各自的水资源条件，对流域间水量进行调剂，这类水利规划称为跨流域调水规划。该类水利规划涉及有关流域水资源的合理利用，通常要在相关流域规划的基础上进行。

　　编制各类水利规划的基本原则如下：

　　1. 从实际出发，一切通过调查研究

　　调查的基本内容一般应包括治理开发的对象、条件和要求。要根据规划要求，选择合理的调查方法，注意调查资料的可靠性、准确性、代表性和适用性，对调查反映的问题要做出定量或定性判断。

　　2. 统筹兼顾，处理好水利规划的各种关系

　　从整体出发，按照规划范围内存在的问题和具体条件，统筹兼顾，统一安

95

排处理好水利建设与国土整治全局的关系，使水利建设与其他建设密切结合；处理好各部门、各地区的权益，最大限度地协调它们之间的关系；处理好干支流治理与流域治理的关系，主体工程与配套工程的关系，巩固完善原有工程设施与新增其他工程设施的关系，全面发挥各项工程效果，处理好需要与可能、近期与远景的关系，综合考虑社会总投入产出的平衡，有重点地解决当前最迫切的问题；处理好经济效益与生态环境效益的关系，既充分利用水土资源，又保护、建立良好的生态环境。

3. 综合治理、综合利用

消除水害必须根据各种自然灾害间的内在规律，采取综合措施，兴修水利必须根据各部门的用水需要和特点，尽可能相互配合。消除水害和兴修水利要紧密结合，防止顾此失彼。

4. 因时、因地制宜，从多方面研究选择切实有效的措施

既要考虑必要的水利措施，也要考虑农业、林业等非水利措施，既要采用工程措施，也要采用管理、立法等必要的非工程措施。

编制水利规划一般都采取分阶段进行。不同类型规划的内容各有侧重，但大体都可概括为问题识别、方案拟定、影响评价和方案论证4个阶段，由粗到细，逐步深入。为使水利建设能按既定要求有步骤地实现，规划报告多由不同学科人员共同研究，由国家或地方委托水利主管部门或某事业主管部门组织编制，经有关部门、地区分别工作，再由编制单位综合汇总。提出的成果应经国家或地方权力机构批准，使其具有一定的法律约束性。

（四）水价调节

应该说，世界上绝大多数国家早就在理论上认识到水的经济价值和社会价值，发达国家早就把水作为经济商品来开发和销售，亦即早就采用经济手段来调控水的供求关系，而且随着用水量的不断增长，经济手段也在不断地变换着形式，从早期的水价、水费发展到现在流行的水权交易、水银行、水市场等。就水价来说，目前，国际上流行的水价体系有与用水无关、边际成本为零的统一水价，单位水价不变的固定水价，用水量越多、单位水价越高的累进水价，用水量越多、单位水价越低的累退水价，由基本水费和计量水费构成的两部制水价和随水资源丰枯变化的季节性水价等。实践表明，适宜的水价可准确反映水的经济性、稀缺性和社会承受能力，同时也可为各类用水户提供有利于节约用水的相关信息。

由于各国社会经济发展水平不同，水资源赋存条件也不一样，因此各国实

行的水价制度和所采取的水价形成机制也不相同。即使同属经济发达的美国、法国、德国、英国等国家，水价确定模式也很不一样。美国对各种水价模式的理论研究很透彻，但其应用却因地区水资源赋存条件、工程性质等条件的不同而异，如美国东部水资源较为丰富，实行累退制水价制度，大水量用户水价低，小水量用户水价高。对于居民生活用水，一般采用全成本定价模式，对于农业灌溉用水则采用"服务成本＋用户承受能力"定价模式。而在美国西部地区，如加利福尼亚州，由于水资源十分紧缺，服务成本定价模式和完全市场定价模式较常见。加拿大城市、工业及农业灌溉供水全部实行政府补贴的政策性水价，价格很低，由政府制定，水价只包括工程的运行管理费，不考虑水资源价值和工程的投资和维护改造费。目前加拿大70%的城市实行统一费率和累退费率，仅8%的城市实行累进费率。英国采用全成本定价模式，其水费由水资源费和供水系统的服务费用构成，后者包括供水水费、排污费、地面排水费和环境服务费。法国水价必须保证成本回收，一般都有盈余，其构成中包括水资源费和污染费等项税款，实行水费和税费相结合的双费制度。尽管居民生活用水水费采用"边际成本＋承受能力"定价模式，而工业用水和农业灌溉用水水费采用"服务成本＋承受能力"定价模式，但因以水税的方式收取了水资源费和污染费，实际上也是采用了"全成本＋用户承受能力"定价模式。自20世纪80年代以来澳大利亚供水开始向公司化和私有化的方向发展，水价由各个供水单位制定，政府不加干预，但要在考虑供水经营单位利益和民众承受能力的基础上制定，一般来说，对于城市用水，通常采用"服务成本＋用户承受能力"定价模式，而对于农业灌溉用水，则采用用户承受能力定价模式。

而同属发展中国家的印度、菲律宾、泰国、印度尼西亚等国，国民经济以农业经济为主，灌溉用水量很大，其水价确定通常采用用水户承受能力定价模式。印度水价分为非农业水价和农业水价，非农业用水中的商业和工业用水，采用服务成本定价模式，非农业水价中的家庭用水和农业灌溉水价采用用户承受能力定价模式，农业灌溉水价的制定和征收由各邦政府负责，灌溉水费与灌溉工程的运行和维护费用之间没有直接联系。菲律宾城市供水执行社会化水价政策，把大部分水费转嫁给富人，转给用水大户，城市居民用水按基本生活水费和商品水费收费，采取"服务成本＋用户承受能力"定价模式。农业灌溉水价完全采取用户承受能力定价模式，以工程运行维护费为计算基础，泰国、印度尼西亚等国家，居民生活用水和农业灌溉用水多采用用户承受能力定价模式。

而在低收入国家，水价只是建立在回收运行成本基础上，包括供水和灌溉。由于生产不同作物的用水价格变化很大，再加上农产品的市场价格低廉，所以会给灌溉用水回收带来问题。向穷人提供水补贴被认为是一项脱贫策略。虽然并不总是成功，但是一些更好的水收费体制可以帮助穷人。

在大多数国家，水价主要呈上涨趋势，而且一般高于通货膨胀率。绝大多数国家试图通过用水户回收供水设施的运行维护成本，有些国家至少回收部分投资费用。几乎所有国家都认识到按用水量收费、水表计量、取消统一费率及废除最低价的必要性，许多国家还采用大幅度提高水费的方法以确保可靠的供水，激励供水商降低成本、鼓励用水户有效用水和采用征收污染税来加强环境保护。尽管各国面临的实际问题各不相同，但都在为完善水价机制改革而努力，并已取得一定成效。

按照市场经济规律，如果把水看作商品，那么市场就会把水配置给利用价值最高的用户。因此，近年来，一些国家除了采用合理的水价政策之外，很自然地形成了水交易市场。特别是在那些缺水地区，通过出售和转让进行水的再分配，可大大提高水资源的利用效率。出售和转让的方式各不相同。有的转让方式是水权的临时或长期转让；有的转让方式是水权仍然保持在所有者手中，只是把余水或因减少使用而节省出来的水转让他人。出售和转让均在买卖双方之间自愿地进行，而不是政府为了实施某种专门计划而进行的再分配行为。多数水的转让行为涉及水用途的改变，即水的使用从低效益的经济活动转向高效益的经济活动。比较典型的是从农业灌溉用水转向城市和工业用水。农业用户通过更高效的灌溉渠系或提高运行管理水平，把节约下来的水权出售或转让给水利用效率更高的用户。

美国在加利福尼亚建立了一个比较集中的水储备和转让系统。这个"水银行"创立于 1991 年。利用加利福尼亚广布的运河系统和具有广大储存空间含水层之优势，通过水市场，使水的利用从低价值使用转向高价值的使用。尽管这种水交易是有限的，但是市政当局却在过去极其干旱时期，保证了水的充足供给。

智利是在水资源管理中鼓励使用水市场的几个发展中国家之一。智利成立了水总董事会（NGA），负责水市场的运作，在各个地区具体由用户水协会负责实施。由于水供给的安全性，使得智利农民对灌溉农作物的积极性很高，特别是对水果作物的种植，使得他们在国际市场上获取了高额利润。

墨西哥 1992 年颁布的新水法使得水交易合法化。新水法提供了与智利不同的另一种可供选择的水市场机制。该水市场基本上允许水交易在灌溉行政区内或用户水协会管辖区内自由运作，利用水市场来改善水的使用效率。这种水市场机制使得政府在水资源规划和分配中起着较大的作用。

三、水工程发展的负面影响

为了满足人类社会经济发展进程中快速增长的水资源需求，人们大量建设水利工程，不断开发利用水资源。在工业文明阶段，兴建水利工程是为了满足人们供水、防洪、灌溉、发电、航运、渔业及旅游等需求。水利工程对于经济发展、社会进步发挥了巨大推动作用。同时，随着水利工程的建设，水资源管理的各个方面，从管理法规、管理体制、管理手段到管理技术都得到了巨大的发展，但是，事物无不具有两重性。一条河流及其流域，经过千万年的发展、演变，逐渐形成了一个大致平衡的系统，这里包括流量、流速、输沙、河势、地下水、地形、地貌、原始地应力、植被、栖息的生物乃至局部的气候和居民的生产和生活方式等。水利工程的兴建，使得原有的平衡状态被打破，一切有关的因素随之发生变化，水利工程的负面影响日益呈现，如在河流上修建大坝，则必然改变河道原来的流量过程，使得自然的水循环在时间和空间上发生变化，从而产生一系列的生态、环境问题。传统水利工程建设的负面影响主要有以下几个方面。

（一）移民问题

水利建设跨越不同的行政区域，造成大量移民，而移民涉及众多领域，是一项庞大复杂的系统工程，关系到人的生存权和居住权的调整，是当今世界性的难题。有关资料显示，全世界有水库移民8000万～9000万人。由于补偿标准较低，或者补偿资金使用管理上的问题，或者移民规划前期工作不细，有部分移民没有解决安居问题，甚至造成移民惨案。在《沉寂的河流》中披露了这样一个情况：1993年危地马拉在修筑奇雷伊大坝时，为强迫当地居民搬迁而使378名印第安人惨遭屠杀。《沉寂的河流》最后总结说：在过去60年中，修建大坝逼迫数千万人离开家乡，失去土地，几乎所有人都非常贫穷，没有任何政治地位，其中又有很大比例的人是原住民或其他少数民族。这些大坝造成的"被驱逐者"在绝大多数情况下，在经济、文化、感情上都遭受了严重的打击。其实，在发达国家，水库移民也不是一件轻松的事情。特别是在20世纪30—70年代，亦即在发达国家的大发展阶段，所有的发达国家都遇到了水库移民的难题，也曾发成过游行示威，甚至是流血冲突事件。因此，水库移民早已成为大坝建设所引发的一个重要的社会问题，同时也成为人们反对大坝建设的一个重要理由。近年来，我国人均移民经费有了大幅度的提高，情况已有很大好转，但也出现了一些新的问题，如三峡工程移民经费约占工程总投资的50%，但由于某些移民新区基础设施的规模过大，超过计划，而用于发展生产和直接补助移民的费用则过低。

（二）泥沙问题

在河流上建坝，阻断了天然河道，导致河道的流态发生变化，进而引发整条河流上下游和河口的水文特征发生改变，这才是建坝带来的最大生态问题。大坝建成后，上游段形成水库。由于过流断面加大，水流流速减小，从而导致输沙能力降低，造成泥沙在水库中淤积。水库泥沙淤积在任何一条有沙的河流上建坝都会碰到，水库泥沙淤积常常造成达不到建坝的预期经济效益。在世界水坝委员会考察的项目中，发电低于预期值的水电站占50%以上，70%的项目未能达到供水目标，有一半项目提供的灌溉水不足。在防洪方面，大坝虽然增强了抵御一般洪水的能力，却由于给人以错误的安全感，反而加大了洪灾损失，或降低了下游防御较大洪水的能力。更为重要的是，通常大坝运行50～100年后，就会因淤满和老化面临退役，世界范围内每年约有1%的水库淤满报废，而拆坝需要高额的投入，这部分成本在建坝的时候总是不被考虑的。世界水坝委员会的报告认为，几乎所有的水坝计划书都高估了水库的使用寿命及工程效益，大部分水坝都不能达到其预期目的。

由于水库蓄水，入海口部位河流水位在有些时候会下降，产生咸水入侵，盐分增加，造成入海口三角洲地区土壤盐渍化。河水来沙量的减少，会造成入海口处海岸的侵蚀，影响河口航道的稳定乃至近海区的渔业。

（三）大气污染问题

国外舆论在谈到大坝与生态问题时，首先谈到的就是大坝建设对大气和气候的影响。这是因为在南美洲的阿根廷、巴西、委内瑞拉等国，在北美洲，以及在俄罗斯的西伯利亚，一些大型水电站的水库淹没了大片森林。水库蓄水前，由于没有能力大规模砍伐清库，林木便长期浸泡在水中。树木生长时吸收二氧化碳，释放氧气，有益于生态环境；但经水浸泡腐烂后便会产生一些有害气体排放到大气中，在某些情况下，大量被淹没植被排放的温室气体，甚至等于或超过同等装机容量燃煤发电厂的排放量，对大气造成污染。因此，国际上把对大气的影响看作建坝对生态影响的首要问题。

（四）水质问题

拦河筑坝的人类活动改变了河流的水动力特性，影响了河流中污染物的迁移、扩散和转化，从而导致河流纳污能力大幅度降低。在某种程度上，流动的河流改善水质的能力并不亚于污水处理厂。污染物在水体中运动不是一般意义上的稀释，它受物理、化学和生物作用，可以自然减少、消失或无害化。因此，充分利用河流的自净能力，是改善水环境、降低污染程度的重要措施。过度的人工拦蓄，造成水积蓄在水库中。库区水流缓慢，水体稀释扩散能力降低，水体中污染物浓度将逐渐增加，造成水库水质下降；特别是水库的沟汊中容易发生水污染或出现水华现象，破坏了河流的自净能力。水库蓄水后，随着水面的扩大，蒸发量的增加，水汽、水雾就会增多，水温结构也会发生变化，甚至可能对下游农作物产生冷侵害，严重的会造成农作物减产。

（五）生物多样性问题

大坝修建后上游区域将被淹没，同时阻隔了上下游水之间的自然衔接；水库的调节造成下游的径流变化。河流是物质、能量流动的通道，同时也是生物迁徙的通道，淹没使得生物栖息环境由激流、浅水环境变为深水、静水环境，对于适于浅水、激流环境的水生生物会产生不利影响；使淹没线以下的陆生动物往更高海拔迁移，与当地居民争夺生存空间，造成一些种群消亡，居民生存环境恶化；径流的变化，特别是下游水文形势的变化，会影响生物栖息地，对生物资源与生物多样性都有不同程度的影响（如清水下泄对下游河道的冲刷，使下游生长的鱼类的生存环境改变，影响这些鱼类的生存）。大坝的阻隔作用对珍稀洄游性鱼类产生影响，隔断了某些逆流产卵的鱼类的洄游通道，影响这些鱼类的繁殖，如果不设过鱼通道（如鱼道、鱼梯、能过鱼的水轮机等）会直接导致生物多样性的降低等。例如，美国哥伦比亚河上的130个大坝，使得每年经过这条河的鲑鱼和铁头鳟鱼鱼群的总量从19世纪的1000万～1600万条降至现在的150万条（约3/4为人工孵化）。据美国国家海洋渔业部门估计，由此造成的鲑鱼渔业的损失在1960—1980年间达65亿美元。

（六）淹没文物古迹问题

世界上许多国家都遇到过修建大坝要搬移历史文物的情况，有的文物古迹甚至长期被淹没在水下。我国是历史文明古国，文物古迹极多。水库库区淹没会对文物和景观造成负面影响。三峡工程淹没古迹 108 处，大凌河白石水库工程使省级文物保护单位惠宁寺等 50 多处文物古迹受到影响。

（七）地质及溃坝问题

随着库水水位的上升，两岸地下水位也相应上升，因而出现浸没、湿陷、塌井、沼泽化、盐渍化等；同时也造成库水向库外渗漏，使库外某些地区的水文地质状况发生改变。水库蓄水后，库区将出现塌岸、滑坡、地面塌陷等库岸稳定性问题，造成库周交通、电信、水利、耕地、房屋、工厂等建筑设施的破坏，影响人们正常的生产生活。库岸塌滑产生的涌浪可能会造成水工建筑物的损坏，对下游人民生命财产也会产生影响，如意大利瓦依昂滑坡，造成几千人死亡。水库蓄水后会诱发地震，据估计，坝高大于 100 m 的水库诱震率约为10%，而坝高大于 200 m 的水库诱震率达 28%。水库地震会破坏库周居民的生产、生活设施，造成居民的恐慌。

（八）湿地生态问题

湿地是地球上的一种独特的生态系统，是"陆地和水体间过渡的客体"，其环境调节功能极其重要。但湿地生态系统具有明显的脆弱性，水利设施可能割裂河流、湿地一体的环境结构，其结果是洪泛湿地生态系统的栖息地多样化格局被破坏，各类野生生物的生存环境被大量压缩，食物链中断，导致生态平衡失调、生物多样性和生物生产力下降及自然灾害上升等现象的发生。例如，在我国云南洱海湿地，近年来，水利建设、围湖造田、水土流失等人类活动已造成洱海水位低落和洱地面积萎缩等生态系统不断退化问题。

（九）施工对环境的影响

在水资源工程中，一般土石方工程的规模最大，施工范围广，施工中产生的生活废水、废气、噪声、土石渣等都对当地环境造成影响，虽是暂时性的，但也要认真做好环境保护。大坝等水工建筑物的施工需要进行土石料的开采，道路、房屋的修建，坝基的开挖，施工弃渣的堆放，这些都会破坏原有地貌和植被，产生新的滑坡、泥石流。此外，施工产生的废水、油污，生活污水，生产生活的烟尘、粉尘、固体废弃物等会进一步污染施工区附近的土壤、空气和水质。

（十）难以补救的负面影响

人们通常高估补救大坝负面影响的能力，这里主要是指病险水库的加固和水坝运行对环境的负面影响。水坝的设计思想是趋利避害，传统上认为，大坝带来的很多负面影响，可以通过补救措施得以减轻或消除。但是已有的水坝运营实践表明，由于水坝环境影响的预测和防范困难性，补救措施只是局部的，而且收效非常有限。例如，世界水坝委员会研究发现，在考察的 87 个已建工程中，只有 23.2% 的水坝制订了减轻环境影响的规划，在 47 项采取措施减轻环境影响的工程中，只有 19.7% 的措施是成功的，40.9% 的措施是失败的。

（十一）环境影响评价制度收效甚微

现在，世界上绝大多数国家在水坝决策过程都实行环境影响评价制度。理论上，通过对大坝可能造成的环境影响进行完整评估，可以作为该工程是否可行的决策依据。不幸的是，实践中政府和大坝建设者，很多情况下将该制度作为对已经决定要建的工程的"橡皮图章"来使用。政府官员、筑坝公司和开发银行对水坝项目的偏爱，排斥了更经济有效的其他项目，特别是小型的和分散的能源和水利项目。

（十二）其他方面的主要影响

除上述影响外，水利工程对生态环境的其他影响还包括库区淤积对土壤盐碱化的影响、边坡开挖对植被和景观的影响、泄洪冲刷及雾化对岸坡的影响、开挖弃渣和混凝土废料对环境的影响等。例如，一些高坝水库蓄水后，会对周围局部地区的温度、湿度及降雨、风、雾等产生不同程度的改变：昼夜温差缩小，极端最高气温下降，极端最低气温升高；水库蓄水会使原水域面积增大，蒸发量也随之增大，致使周围地区湿度及降雨量增大；一般来说，风速也会有所提高，雾天增多。调水工程会对人群健康产生影响，由于调水工程的修建，渠道输水会造成一些疾病通过动物传播给人类。例如，钉螺会传播血吸虫病，蚊虫会传播疟疾，水库的蓄水有利于这些疾病载体的生长繁育，使疾病传播的速度加快和疾病传播的可能性增大。

以上归纳的水利工程对生态环境的负面影响的各个方面，是从全球已有的单一水利工程建设实践中总结出的经验性教训。特定水利工程的经济、社会和环境影响千差万别，需要根据具体情况具体分析，而且也不是每一项水利工程都有这些负面影响。还有许多已建工程被实践证明是非常成功的，带来的社会经济效益远远高于损失。应该说这种比较单一的负面影响只要在规划设计阶段引起高度重视，采取一些有效措施是能够克服的。即便工程建成以后产生负面影响，也可以采取有效措施把损失降到最小。然而在世界水利工程实践中，还出现过咸海干涸的生态灾难。

类似的实例还有一些，例如美国的科罗拉多河流域和我国的石羊河流域，这两个流域所出现的情况虽然不能说是生态灾难，但问题也是相当严重的。像咸海这样的灾难性损失必须坚决预防和回避。因为这种损失实质上是河流和大自然与人类活动对抗的表现，是河流在报复人类对它实行掠夺式开发而应受到的惩罚。咸海的干涸给人类敲响了善待河流、善待水资源的警钟。

总之，在工业文明阶段，水利工程侧重于满足人类社会对水的多种需求，相对忽视了河流健康生态系统的稳定性需求。由于水利工程在不同程度上降低了河流形态的多样性，从而降低了生态环境的多样性，使得生态系统的健康和稳定性都受到不同程度的影响，这样对河流生态系统形成了一种胁迫，这种胁迫可能引起河流生态系统的退化，随之也会降低河流生态系统的服务功能，最终对人们的利益造成损害。当然，水利工程在生态建设方面也有积极作用。通过调节水量丰枯，抵御洪涝灾害对生态系统的冲击，改善干旱与半干旱地区生态状况及调节生态用水等，水利工程对生态环境也做出了巨大贡献。

四、关于水利工程建设的争论

如上所述，随着时间的推移，人们对水利工程的观点发生了变化，人们逐步认识到，水利工程在为人类提供巨大经济福祉的同时，也对社会和环境带来了严重的负面影响。水利工程对生态环境的影响问题，由于各种人群所处的社会环境和地位不同，立场也大相径庭，由最初对生态影响的探讨、讨论逐渐发展到争论、论战和反对建坝，最后形成国际性的反坝组织。

在20世纪70年代，有关水利工程建设的争议，主要是针对特定工程的，如围绕阿斯旺大坝的国际（主要是在美国、苏联、埃及和苏丹等国之间的）争论。1984年，英国两名生态学家出版了《大型水坝的社会与环境影响》，这是第一本收集了反坝主要观点的专著，宣称大坝引起的问题并不是具体工程或地区特有的，而是大坝技术本身所固有的，此书标志着全球范围内抵制水坝运动的开始。此后，在世界范围内展开了一场颇具规模的反对水利工程建设的运动。一批学者、环境保护者和大坝受害者组织起来，形成了一些有影响力的反坝组织，如美国的国际河网、加拿大的国际探索组织、挪威的国际水资源与森林研究国际协会、日本的地球之友、英国的《生态学家》。其中最具影响力的反坝组织是国际河网，它为全世界的反坝积极分子提供了交流平台。在这些反坝组织的鼓动下，世界上一些国家，特别是发展中国家的水利工程建设受到了很大的影响。例如，在苏联，一批学者在媒体上大肆批评其北水南调工程和西伯利亚－中亚调水工程，使得苏共中央和苏联部长会议于 1986 年不得不决定暂停北水南调工程和西伯利亚－中亚调水工程，这一暂停至今已 30 多年，如今这两项工程恐怕再无兴建之日了。在印度，萨达尔萨罗瓦调水工程原本已在 1987 年开工建设了，但是由于移民和生态问题，印度政府不得不于 1996 宣布暂停施工。直到 2000 年 10 月，有关方面宣布在原有基础上大幅度提高移民补偿标准和改善生态环境的措施之后，萨达尔萨罗瓦工程才得以继续施工。

国际反坝组织发起了一系列旨在反对水利工程的运动，其中最著名的是 1994 年，由 44 个国家的 2000 个组织签署的《曼尼贝利宣言》，呼吁世界银行对贷款的水利工程项目进行综合审核。1996 年，美国人麦卡利编写了一本书，原名叫 "Silenced River"（直译为 "沉寂的河流"，中文版书名改为《大坝经济学》，中国发展出版社，2002），该书不仅详细讨论了大坝的种种弊端，而且对大坝的防洪、发电、灌溉、供水等效益做了否定性的分析和评价。1997 年，第一次世界反水坝大会在巴西的库里提巴召开，大会通过了 "库里提巴宣言"，并将每年的 3 月 14 日定为世界反水坝日。这次大会标志着抵制大坝的运动进入一个新阶段，国际反坝运动开始在国际舞台上扮演重要角色。

在反坝和对水坝深刻反思的思想影响下，1997 年 4 月，在瑞士格兰德，39 名来自不同国家和阶层的人士及绿色和平组织成员，在讨论 "世界银行" 的一份关于水坝建造问题的报告后，提议成立 "世界水坝委员会"，简称 WCD。1998 年 5 月，WCD 在争取到有关国家的组织和部门同意后，开始对世界不同国家的 125 座水坝进行了调查，建立了水坝数据库。2000 年 11 月正式提出一份名为 "水坝与发展新的决策框架" 的报告。这是世界上针对水坝在达到促进发展目的方面的成败经验的第一份世界性、综合性的独立评估报告。该报告指出：水坝对人类发展贡献重大，效益显著；然而，很多情况下，为确保从水坝获取这些利益而付出了不可接受的，通常是不必要的代价，特别是社会和环境方面的代价。该报告反映了国际反坝运动的最新动向，它的发表在国际上引发了新一轮围绕大坝功过是非的争论。WCD 准备在征求有关国际组织意见后，将报告提交 "世界银行" 和 "联合国环境和发展委员会" 希望能够形成今后水坝建造决策的国际标准。然而，该报告在有关国际组织讨论中引起了极大的反响，尤其是遭到了发展中国家代表的强烈反对。据国际大坝委员会讨论时统计，仅有三个国家表示同意接受 WCD 提议的决策框架。2001 年 2 月，世界上关于水利、水电和水坝的三个国际组织（国际大坝委员会、国际灌排委员会和国际水力发电协会）的负责人，联名向世界银行的总裁写信强调：尽管 WCD 的报告可以作为引发建坝问题讨论的有用的资料，但是，作为建坝决策标准，它是极不充分的。同时表示不能接受报告中对现行水坝作用的不公正的评判结论。世界银行在贷款国政府的压力下，拒绝实施该报告提出的任何建议。

2002 年，在南非约翰内斯堡举行的世界可持续发展高峰会议上，到会的192 个国家的代表一致认识到：发展水电与燃烧矿物资源获得电力相比较，无论在资源方面，还是在环境方面，都是有利于可持续发展的。会议认为：在世界各国都在鼓励发展各种可再生能源来减缓全球变暖的情况下，大型水电也有必要被确认为可再生的清洁能源。会议决定采纳《约翰内斯堡执行计划》，呼吁全球能源供应多样化和增加包括大型水电在内的可再生能源的份额，承诺推动包括水电在内的可再生能源领域的国际合作活动，并建议于 2004 年在中国举行一次水电与可持续发展论坛。

2004 年，按照世界可持续发展高峰会议的计划要求，受联合国可持续发展委员会的委托，联合国经济与社会事务部和中国国家改革与发展委员会在北京共同召开了水电与可持续发展论坛研讨会。来自 40 多个国家和地区的政府官员、专家、学者以及非政府组织代表共 500 多人参加了这次研讨会。会议认为，水电在可持续发展中具有重要的战略意义，采用包括水电在内的可再生能源，提高能源的使用效率，能够显著促进社会的可持续发展，为更多的、特别是贫困的人口提供电力并降低温室气体排放。会议一致通过了《水电与可持续发展北京宣言》。宣言第 12 条明确规定：水坝的环境标准，各个国家应该根据自己国家的法律和具体情况，择善而从。这就否定了把 WCD 的《水坝与发展——决策新框架》作为各国水坝建设必须遵守的统一框架和任何不顾各国的实际情况，希望建立"国际一致的建坝标准"的尝试。至此可认为，从 20 世纪 70 年代对水坝的争论开始，到形成一股反对建坝的国际思潮，尽管这股思潮一度非常强大，但是，最终没有获得大多数国家特别是发展中国家的认可，更没有使世界各国特别是发展中国家的建坝步伐停止。尽管现在反坝活动还有一定市场，但这种活动可以从另一个角度促使大坝建设者加快减轻或消除大坝对生态环境的负面影响，是建坝的动力。

应当承认，国际反坝运动的出现，正如国内某些人士指出的，与发达国家所处的发展阶段和国情条件有关，发达国家由于水资源和水电开发接近饱和，出于保护生态环境的目的而反对大坝，对大坝的忧虑确有"富裕病"的嫌疑。而在发展中国家，水电开发率低，经济发展需要水资源和水能资源，要满足供水、灌溉和水力发电的需求，不修大坝是不现实的。某些极端的反坝组织，例如国际反坝委员会，其宗旨是"反对一切水坝"，这就使环保主义走向了极端。但是同时也应当看到，反坝运动是由水坝对生态环境的负面影响引起的，而这种负面影响是客观存在和真实可信的，前面已经归纳了 12 个方面的负面影响。产生这些负面影响的原因不尽相同，但最主要的有三个方面。

一是工程自身的缺陷。水利工程技术本身所固有的特点是一些生态问题产生的根源，工程的存在往往就意味着某些生态问题的存在。

二是人类认识水平的局限。人类在一定的时空条件下对自然规律的认识是有一定局限性的。它对水利工程可能产生的一些生态问题认识不足或考虑不充分。

三是制度缺失。尽管人们对一些水利工程的生态问题有所认识，并采取相应措施去消除这些生态问题，但是，重视程度不够或制度安排不当导致了这些生态问题的加剧。

现在，既然认识到水利工程的生态影响问题并找到了其产生的原因，就必须要高度重视和认真对待这些问题。既不能因噎废食，停止工程建设，停止发展步伐，也不能掩盖矛盾，留下隐患。因此，针对大坝对生态环境的负面影响，国内外有关专家和管理者提出了相应的治理措施，现归纳列举如下：

一是对于水库移民问题。发达国家大多采取一次性补偿措施。我国水库移民经历了安置型和开发型两个阶段。为了使移民能走上可持续发展的道路，有专家建议研究"投资型"移民政策。其主要思路是将淹没的土地、房屋及其他有价设施进行评估，加上对生态环境的补偿作为股份，参与水电开发建设，使移民和开发方形成利益共同体，使移民能长期共享水电开发的效益。建设期安置移民的费用用预支若干年应得收益来解决。移民区地方政府和移民代表作为股东参与工程建设的决策管理。这一建议值得研究探索。

二是对于水库淤积问题。在水库集水区范围内利用水土保持减少进库泥沙，例如，修筑淤地坝就是一个好方法。增加流域内的植被，形成植被网，植被网可以使水库上游的来水分散，减小流速，使泥沙沉积下来，从而减少入库泥沙；高含沙水流的旁泄，在水库上游修筑旁泄渠道或管道，让高含沙水流通过旁泄渠道或管道排到下游，可减少水库的淤积，这方面国内外都有成功的实例可借鉴；汛期的流量调节，我国已在黄河多次进行了调水调沙试验，对这种成功的经验应该进行理论上的升华并推广到其他工程上去；汛期利用水库底孔泄洪排沙；用挖泥船或虹吸对水库进行清淤。这些措施都可以减少水库淤积，延长水库使用寿命，增加水坝效益。

三是对于大气污染问题。据报道，近年来国外已加强了清库工作，但是由于国外人力资源有限，水库蓄水前清理树木等工作只是一般意义上的清库工作。从世界范围看，大气污染问题仍然比较严峻。但是，与燃煤电厂比较，水库排放的有害气体是微不足道的，即便在南美洲和西伯利亚，也很少有水库排放的有害气体超过同等规模火电厂排放的有害气体的。我国水库库区几乎没有大面积的森林。因此，水库蓄水后，树木等经水浸泡腐烂后排放有害气体的问题，对我国影响不大。

四是关于水质变化问题。国内外的水库都有水质变化问题，只是程度不同而已。埃及的阿斯旺水库就比较严重，多次引起苏丹的抗议。最有效的办法是减少污水入库量，对污水进行处理，不达标不准排入水库。

五是关于对鱼类和生物物种的影响问题。世界各国在建坝中解决鱼类洄游问题通常采取两种办法：一种是采取工程措施，建鱼梯、鱼道；另一种是对洄游鱼类进行人工繁殖。建鱼梯、鱼道在各国的建坝实践中是比较成熟的技术，在 20 世纪的建坝高潮中被广泛应用。我国在长江葛洲坝工程建设中，为解决中华鲟洄游问题选择了人工繁殖的办法，事实证明是比较成功的。需要强调的是，在不同的地区、不同的河流上建坝，对鱼类和生物物种的影响是不同的，要对具体的河流进行具体的分析，然后选择是建鱼梯、鱼道还是进行人工繁殖。此外国内外正在研究适应鱼类过坝（过水轮机）的建筑物水力条件；研究库区鱼类生存条件及泄水建筑物下游河道水流溶解氧对鱼类的影响及有效的工程措施，已有开展试点工程应用研究的报道。

六是关于对文物古迹的影响问题。国外大多采取挖掘、搬迁的办法来保护文物古迹。我国在三峡工程建设中计划对某些不能搬迁的文物古迹采取建设水下博物馆的办法，这在世界的筑坝实践中都很少见，说明我国对这个问题高度重视，是对历史文物高度负责任的。

七是关于地质灾害问题。关于水库诱发地震的问题，国内外都进行了多年的研究，实践中也有过在水库区发生地震的情况。但是，是否建水库就必然诱发地震，科学家们还在争论中，目前尚没有定论。即便是水库诱发了地震，那也是十万分之几的概率。水库造成崩岸、滑坡等地质灾害在国内外都比较常见，特别是在像伏尔加河中下游这样的平原水库，崩岸造成了不小的损失。科学家们正在研究加固措施，相信这个问题能最终解决。

八是关于溃坝问题。溃坝现象在世界范围内都比较常见。根据国际大坝委员会 1998 年所进行的调查和世界大坝注册资料，在世界范围内（不包括中国）1950 年以前建坝 5368 座，其中溃坝 117 座，溃坝率为 2.2%，1951—1986 年建坝 12138 座，溃坝 59 座，溃坝率仅为 0.5%。据资料统计，1954—1990 年的 37 年间，中国共有 3241 座水库垮坝，年均垮坝 88 座；1991—2000 年的 10 年间，有 226 座水库垮坝，年均垮坝 23 座。2001—2005 年共有 20 座水库垮坝，年均垮坝 4 座，其中 2004 年汛期仅一座水库垮坝。统计显示，近年来我国溃坝数量大幅度减少，水库垮坝损失明显降低。溃坝的主要原因是设计不当（泄洪能力不足）、工程质量和运行不当。因此，提高泄洪能力、加强施工质量监督和提高运行管理水平是预防溃坝的主要方向。

九是关于补救措施问题。关注和改进现存的大坝管理是国际发展趋势。由于世界上绝大多数大坝是在 20 世纪 80 年代以前建的，这一时期的水坝建设缺乏环境和社会标准，目前很多进入老化期。必须高度重视这些病险水库的维护。对于病险水库的监测和加固，世界各国都比较重视。但是，补救措施（用各种工程措施加固大坝）确实收效不大，很难达到原设计的要求，即便是达到了原设计要求，在实际运行中也要留有余地，也就是说国外大多采取降低水库等级运行。在保障安全运行和工程效益的基础上，减轻其对生态和社会的负面影响，对于得不偿失的水坝应考虑拆除。为此需要全面加强水坝运行和退役的监测、评估和研究工作。

十是关于环境影响评价制度问题。发达国家（美国、加拿大等）在 20 世纪 70 年代初开始立法实行环境影响评价制度。因为是法律，不执行就被视为违法，因此执行效果较好。虽然我国已经推行了大型工程的环境影响评价工作，但是环境影响评价制度在水利工程中还没有普遍落实，关键是现行的工程建设管理程序中缺少环境影响评价方面的硬性规定。应尽快改革现行的水利工程建设程序，在项目建议书阶段，就要规定对建设工程实施环境影响评价，并提出环境补救和社会补偿措施，同时将其作为工程审批的基本依据之一，并向社会征求意见。在项目的可行性研究阶段，应规定对各种工程方案的生态环境影响进行比较，筛选出兼具技术经济和生态环境合理性的工程方案。在工程的初步设计阶段，应提出减轻生态环境影响的措施。在工程的建设阶段，应优先采用生态环境友好的技术措施。在工程的后评价阶段，应引入生态环境影响的后评价，建立工程环境影响的监测和反馈机制。总之，要在工程建设管理的各个环节全面推行环境管理，实现环境影响评价的制度化和程序化。

总之，对每一项负面影响，都应该进行科学的、定量的分析。对移民和淹没耕地过多，生态环境损失过大的河段采取避让政策；对一般的生态环境损失通过技术措施加以解决，对不可避免的生态环境损失进行经济补偿。同时，对正面的生态环境影响也应该计算其效益和价值。应该通过技术、经济、生态环境比较进行科学决策。

发达国家是筑坝的先行者，水坝曾经为这些国家的工业化做出过重要贡献。在多数发展中国家刚刚开始进入水能资源大开发的当代，多数发达国家已经进入后大坝时代，水坝对于这些国家的重要性趋于下降。例如美国，水电在电力结构中的比例在 20 世纪 40 年代曾经一度高达 40%，近些年已经下降到 10% 以下（2002 年为 8%）。此种背景决定了国际反坝运动带有浓厚的发达国家色彩。目前大多数未开发的水能资源位于发展中国家，包括中国、印度、巴西及其他亚洲、非洲和拉丁美洲国家。这些国家伴随经济发展，电力需求迅速增长，水能资源恰好位于最急需它们的地方。另据国际能源机构的定量研究，在水电大发展的发展中国家，中国和印度是最重要的两个大国，而在这两个国家，煤炭是水电最主要的竞争者，任何对水电发展的限制，都会因煤炭使用的上升导致严重的环境负面影响，其水电发展事关全球可持续发展。因此，即使不考虑发展中国家在供水、灌溉和防洪方面对水坝的需求，仅仅是对水电的强劲需求，便决定了发展中国家会积极支持大坝建设。由此不难理解，多数发展中国家难以接受反坝运动的主张。即使越来越多被揭示出来的大坝伴随的弊病确实存在，发展中国家仍然迫于减贫和发展的双重压力，难以放慢水坝建设的步伐，毕竟水坝带来的水和能源等效益是现实性的，而伴随的环境负面影响则是长期的或潜在的，这正是发展中国家无奈的发展阵痛。

新中国成立以来，中国发展成为世界水坝的"超级大国"，客观审视我国的水利水电发展实践，国际反坝运动总结出来的关于水坝发展的各种教训，在中国的大坝发展过程中也不同程度存在。展望未来，中国是世界上剩余水能开发潜力最大的国家，全世界尚未开发的水能资源中约有 20% 分布在中国。中国独特的自然条件和能源资源禀赋，决定了对水利水电工程有较强的依赖性，在未来较长一段时间内水利水电建设仍是国民经济的重要基础产业，防洪、供水、灌溉、发电等水利水电工程对社会经济发展起到重大支撑作用，但工程对生态环境的影响也日益受到社会各界的关注。可以说，国际反坝运动对于中国的意义，最重要的是促使国人反思如何更为明智地建坝，如何通过更好的工程规划、设计、建设和运营，在水利开发推动社会经济发展的同时，尽可能减轻其对生态环境和社会的负面影响。

第二次世界大战以后，由于科学技术的快速发展，人类开始控制河流，对河流实行掠夺式开发。为了满足世界人口的快速增长和人民生活与生产对水资源的需要，人类按照自己的意志，修建了数以万计的各种类型的水利工程。通过水库、堤防、河道整治、分蓄洪水等综合措施，极大地提高了世界许多江河水资源的开发利用程度，创造了无与伦比的巨大物质财富。由于水利规划等管理技术的发展，水资源的开发利用已从单一的目标向多目标的综合利用方向发展，已开始注重水资源的统一规划、兴利除害、综合利用。在技术方法方面，常通过一定数量的方案比较来确定流域或区域的开发方式，提出工程措施的实施程序。但水资源的开发规划目标和评价方法，大多以区域经济的需求为前提，以工程或方案的技术经济指标最优为依据，未涉及经济以外的其他方面。在这个阶段中，由于大规模的水资源开发利用工程的建设，可利用水资源量与社会经济发展的各项用水逐步趋于平衡，个别地区在枯水期出现了缺水现象，在丰水期又频发洪水。同时天然水体环境容量与排水的污染负荷逐渐超出平衡，水环境问题日益突出。起初对水污染防治未引起足够重视，结果使地表水、地下水水质恶化，引起了生态劣变、环境污染等一系列的问题。

在工业文明阶段的后期，随着人们对水利工程的认识不断提高，水利工程对生态环境的负面影响逐渐显现，特别是中亚地区缺乏统一规划的水利工程，掠夺式地引用水资源造成咸海干涸，给周边地区带来了巨大的生态灾难。人们围绕着水利工程对生态环境的影响问题展开了激烈的争论，而这场争论最终发展成反坝运动，并成立了反坝的国际组织，反坝国际组织的认识和要求包含了很多合理的因素，值得认真甄别和借鉴。专家和水利管理者提出了减少或消除大坝对生态环境影响的建议。

总之，在工业文明阶段，人与水的关系发生了相当大的变化。随着人类对河流控制能力的急剧增强，以及人类自我意识的极度膨胀，人类开始无节制地对河流进行强取豪夺，从而激化了人与水的矛盾，加剧了人与水的对立，从而招致大自然的报复。这种报复导致了一种人水对抗的局面，而且在对抗中人类处于不利的地位。这种局面迫使人类开始反思人与水，人与自然的恰当的正常关系，那就是人与水、人与自然应当和谐相处，人类应该走水利可持续发展的道路。

第四节　生态文明阶段的水资源管理

一、生态文明科学的内涵

（一）生态文明的诞生

1962 年，美国人蕾切尔·卡逊撰写的《寂静的春天》，用触目惊心的案例阐述了大量使用杀虫剂对人类与环境造成的危害，敲响了工业社会环境危机的警钟，促使人们开始反思人类与自然的关系。1972 年，"罗马俱乐部"发表了《增长的极限》研究报告，在报告中用令人信服的资料明确提出，依靠征服自然来造福人类的工业化道路，已经导致全球性的人口激增、资源短缺、环境污染和生态破坏，不仅使人类社会面临史无前例的严重困境，而且终究使经济发展走向"零增长"。人类社会不顾生态环境，一味片面追求经济增长，实际上走上了一条不可持续的道路。因此应当摒弃以经济增长作为发展唯一标志的传统发展观，而主张经济、社会、资源、环境、人口之间相互协调地发展。同年，联合国在瑞典斯德哥尔摩首次召开人类环境会议，会议的基调是我们"只有一个地球"，并发表了《人类环境宣言》，郑重警示人们，人类在开发利用自然的同时，也承担着维护自然的义务，要注意地球的人口承载能力。这标志着全人类对环境问题的觉醒。1983年，联合国成立了世界环境与发展委员会，1987年该委员会形成了长篇报告——《我们共同的未来》，正式提出了可持续发展的模式。1992年，在巴西里约热内卢召开联合国环境与发展世界首脑大会，明确提出了人类可持续发展问题，发表了《21世纪议程》，告诫人们："水不仅为维持地球的一切生命所必需，而且对一切社会经济部门都具有生死攸关的重要意义。"有153个国家及欧洲共同体正式签署了《气候变化框架公约》和《生物多样性公约》，确立了生态环境保护与经济社会发展相协调、实现可持续发展应是人类共同的行动纲领。2002年，南非约翰内斯堡地球峰会作为21世纪首次世界环境与发展首脑大会，在人类环境与发展文明史上又谱写了新的篇章。大会通过了《可持续发展世界首脑执行计划》和《约翰内斯堡政治宣言》，确定发展仍是人类共同的主题，进一步提出了经济、社会、环境是可持续发展不可或缺的三大支柱，以及水、能源、健康、农业和生物多样性是实现可持续发展的五大优先领域。这表明人类从来没有像今天这样关注和忧虑过自己的家园。从《人类环境宣言》发表至今，人类围绕着环境与发展问题展开了艰辛的科学探索。

研究表明，近50年来，人与自然的紧张关系在全球范围内呈现扩大的态势，主要表现在三个方面。一是人与自然的相互作用模式比以往任何时候更加复杂多样，协调人与自然的关系更为困难。二是发达国家在实现工业化的过程中，走了一条只考虑当前需要而忽视后代利益、先污染后治理、先开发后保护的道路。三是通过市场化和经济全球化，发达国家的生产方式和消费模式在全球扩散；由于国家与区域间经济社会发展的不平衡，发展中国家往往难以摆脱以牺牲资源环境为代价换取经济增长的现实，面临着资源被进一步掠夺、环境被进一步破坏的严峻局面。

进一步的研究使人们认识到，环境问题表面上是生态问题，实质上反映了人与环境的矛盾对抗，是大自然对人类的报复。工业文明在给人类带来空前物质享受的同时，却给大自然造成了严重的伤害，人类目前所面临的"温室效应"、大气臭氧层破坏、酸雨污染日趋严重、有毒化学物质扩散、人口爆炸、水资源短缺、水环境污染、土壤侵蚀、森林锐减、陆地沙漠化扩大、生物多样性锐减是严重伤害大自然的恶果，是自然界全面生态危机的具体表现。这些恶果不仅耗费了人类很多的物质和精神财富，而且对人类生产力的进一步发展产生了强烈的制约作用。自然界的生态危机直接威胁着人类文明的发展和延续，迫使人们寻求新的更合理的发展道路。全面的生态危机形成了一股强大的恶劣生态制约力，恶劣生态制约力打破了自然与人类生产力之间的平衡关系，是自然界向"以人类为中心"的工业文明提出的全面挑战。而迎接这种挑战的办法只能是寻找人类主动适应自然的道路，绝不是退回到被动适应自然的道路上去。也就是说，人类只有改变传统的发展模式，实现人与自然和谐相处，使得自然资源得到合理的可持续利用和生态环境得到有效的保护，才能实现可持续发展。如果人类不及时改变发展模式，实现人与自然和谐的发展，长此下去，地球就有可能成为不再适合人类居住的星球。

在提高认识的同时，国际科技界组织实施了许多大型科技计划，各国政府纷纷制订可持续发展战略及相应的行动计划，实现人与自然和谐发展逐渐成为全人类的共同行动。以《人与生物圈计划》《国际地圈——生物圈计划》《千年生态系统评估》等为代表的全球性科技计划，为协调人与自然的关系、促进可持续发展提供了科学依据。

生物与环境因素的相互关系就是生态，研究这些关系的学科被称为生态学。随着生态学研究的深入，人们发现，人类进入信息社会，地球已成为越来越复杂的人类生态系统或人工生态系统。同时，人与自然的关系已经到了应深刻反思的交叉路口，是继续把自然界作为物质财富掠夺的对象，还是调整好人与自然生态系统的关系，与其和谐相处，在协调中维持其动态的生态平衡，在改造中建设新的生态平衡，这已成为决定人类能否可持续发展的重大战略性问题。

在这样的背景条件之下，协调生态制约力与人类生产力关系的新型人类文明——"生态文明"应运而生。生态文明要求人们彻底摒弃对自然的征服和占有，树立一种人与自然和谐相处的全新观念，实现人与自然、人与人及人与社会的全面和谐。在生态文明时代，要以知识、信息生产为主的知识经济取代以消耗自然资源为主的工业经济。它反对传统的人类中心论，反对通过掠夺自然的方式促进人类自身的繁荣；同时它也反对自然中心主义，强调人与自然的整体和谐，实现人与自然和谐共处，因而有人将生态文明称为"绿色文明"。因此，生态文明的基本理念是人类在物质生产和精神生产过程中，按照自然生态系统和社会生态系统运转的客观规律，建立人与自然、人与社会和谐发展的社会文明形式，从而实现社会、经济、生态的可持续发展。由此可见，工业文明与生态文明的一个明显区别在于，工业文明把自然万物看作外在于人的认识对象和索取对象，以满足人类日益增长的社会物质需求，从而导致生态危机和信仰丧失。生态文明则主张生态优先，把人和自然万物看作血肉相连的整体，人类要在对自然整体性保护的原则下实现自然资源的可持续利用，以期达到人与自然的和谐。

（二）生态文明的内容

生态文明的提出，可以说是人类对工业文明造成生态危机及恶果的积极反思。它大大拓展了人类文明的含义和内容，也是其自身发展的必然结果。人与自然的关系是天成的。人不能选择脱离自然的道路，只能选择某种既有利于自身发展也能与自然和谐相处的关系。即便在人的能力空前提高的今天，人与自然的关系仍然应该是亲和自然的关系。那种"战天斗地、改造自然"的行为和意识已在工业文明时代被证明是错误的。生态文明的提出，正是为了有效遏制工业文明所造成的生态危机，人类为自己重建一个可以使儿孙万代永续发展的绿色家园而做出的伟大尝试。

根据各方面专家学者的见解，生态文明的基本内容，包括以下几个方面：

1. 生态文明的基本观念

人类要尊重自身首先要尊重自然。生态文明所提供的基本观念是全球生态环境系统整体观念和系统中诸因素相互联系、相互制约的观念。人类与自然是一个相互依存的整体。以损害自然界的生物种群来满足人类无节制的需求，只能导致整个生态环境资源的破坏和枯竭，最终危害人类自身。因此，生态文明要求人类重新认识自身与自然的关系。从自然的角度来说，人类的产生源于自然，是自然的一部分，人类的发展寓于自然，人类要实现永续发展必须与自然相互依存，构成有机的和谐统一体，而不是自然的主宰。这就是说，人与自然是平等关系，而不是主从关系，更不是征服与被征服的关系。在评价自然物种的非经济价值时，要承认物种有其自身天然生存的权利。人类要尊重自身，首先要尊重自然，在自然规律所允许的范围内与自然界进行物质能量的交换，否则必然会遭到自然的报复。

2. 生态文明的基本矛盾

在生态文明时代，人与自然关系中的基本矛盾是人类生产力与恶劣生态制约力之间的矛盾。生态文明以人与自然的协调发展为核心，其本质在于处理好经济增长与环境保护的关系，化解恶劣生态环境对经济增长的制约作用，从而达到化解人与自然关系中的基本矛盾的目的。在规划社会、经济发展的同时，务必要加上"生态环境"的发展，建立起社会、经济和生态环境的总体框架，因为优良秀美的生态环境是人类文明繁荣发展的基础和前提，人类文明必须把保持自然生态环境系统的正常运转作为其重要标志之一。

3. 生态文明的价值观

生态文明的提出，使人类开始意识到人类的价值观不能仅仅以人类本身为最终目标，人类的社会经济发展不能逾越自然所允许的范围。人类应在与自然和谐相处的前提下，把人类的智慧成果应用在降低自然资源的消耗和减少对生态平衡的破坏上，促使在良性的生态循环和经济循环基础上实现经济社会的不断发展。此外，生态文明的价值观要求每一代人既要推动当代人的发展，又要强调代际公平，重视保护后代人群的利益，应将工业文明、农业文明形成的财富积累反哺自然、修复生态，努力将当代发展对自然资源的需求保持在地球资源、生态环境可持续利用的承载能力范围以内。

4. 生态文明的伦理道德

生态文明的伦理道德主要是维护地球生态环境系统的正常运转，保护自然生态的良性平衡状态。人类应当把道德关怀的重点和伦理价值的范畴从其自身生命的个体扩展到自然界的整个生态系统，人类与整个生态系统是一个命运共同体，人类的伦理道德观念应当从人与人、人与社会的关系扩大到人与生态系统的关系。同时人类在人与自然和谐统一的结构中占据着特殊的地位。所谓"特殊"并不是指人类凌驾于自然之上的"特殊"，而是说人类作为地球上唯一有理性、有自我节制能力的生物，应当对自然界负有直接的道德责任，成为自然界的道德代理人和环境管理者，为保障人类和自然界的其他生物能世世代代在一个生态平衡、资源丰富的地球上生存发展而发挥特殊的作用。

5. 生态文明的经济形态

工业社会是线性生产模式，以高开采、低利用、高排放为特征。在生态文明时代，人类将采用循环经济模式，循环经济模式是一种"低开采、高利用、低排放"的经济模式。循环经济模式把经济、社会、生态环境整合起来，形成有机的统一，把传统的线性生产模式"资源－产品－消费－废物（排放）"，转变成"资源－产品－消费－回收（再生资源）"的循环生产模式。循环经济模式是对发展模式的根本变革，是促使生态环境良性发展的生态经济模式，因此循环经济模式必将成为推动经济发展的重要途径和措施。

6. 生态文明的社会活动

在生态文明时期，科学、艺术、教育、信仰、伦理、道德、审美、健康、娱乐、智力开发等日益成为人类社会活动的主要内容。人的生活方式也将从着力追求物质利益、过度消费逐渐转向主要追求丰富多彩、简朴、清洁、健康、优美、舒适的"绿色生活"。人们把追求知识、智慧和环境质量看作人生的目的。表现在物质消费上，生态文明并不是把高消费作为人生的目的，并不把物质消费水平看作社会地位高低的象征，它完全摒弃"增加和消费更多的财富就是幸福"的观念，而把追求拥有更多知识、智慧，提高环境质量和生活质量看成人类真正的幸福。在生态文明时代，创造知识、智慧，使环境质量优化将成为经济增长和社会发展的主要动力。发明、制造和销售知识、智慧含量高，环境污染少的企业将大行其道，蓬勃发展，其商品最受欢迎，其生产者也会得到社会更多的尊重。

7. 生态文明的民主意识

在生态文明时代，社会团体和广大民众会自觉不自觉地参与生态环境的管理。例如消费者会自觉地选择绿色环保产品，实现可持续消费，形成绿色消费市场，而绿色消费市场会自然而然阻挡非环保产品，从而推动循环经济的发展。

8. 生态文明的合作关系

生态文明的日益发展将使人类突破民族、国家、阶级、集团的藩篱，超越狭隘的个人利益和集团利益。生态文明强调全人类对地球环境的共同责任和义务，促使全人类在更广泛的领域实现一种平等合作关系，以共同保护和建设地球家园。

综上所述，生态文明不仅体现了人与自然关系的一种新形态，还贯穿在自然资源、社会经济、民主政治、文化知识、法制观念等各个方面，体现着整个人类社会的综合发展水平和文明程度。

（三）生态文明的意义

生态文明是针对工业文明对生态环境的破坏而提出的。它作为一种新型的文明形态，已经迈出了历史性的第一步，正在向人类文明的深处迈进。生态文明建设不仅在生态环境保护、提高全人类生态环境意识等方面具有重大的现实意义，而且在对人类文明形态和内容的丰富及对人、生命、生态、环境的认识和理解上具有深远的理论意义。

1. 生态文明的提出是人类文明发展史上的一大飞跃

生态文明在突破农业文明、工业文明局限的基础上，以一种新的理论原点，即从生态发展的原点出发，去思考人类社会发展的模式。在它看来，生态发展的首要目标是通过使经济活动基于人类的基本需要和生态协调发展的方式来保持自然生态发展的可持续性。这与自由市场经济或国家控制经济所追求的无条件增长与扩大是相对立的。

坚持生态环境的可持续性，就要坚持环境容量对人类经济总体规模的限制性、坚持区域经济活动与地方生态系统协调一致的必要性、坚持经济决策对生态环境考虑的优先性。坚持这"三性"是绿色经济生态发展的主题，离开了这个主题，就谈不上生态的可持续性。从更深层的意义上说，生态可持续性原则是从现代生态学中学到的最基本的生存智慧，即学会在地球上真正生存的智慧原则。至于什么才是"地球上真正生存的智慧"，目前人类对它的认识和理解十分粗浅，需要不断通过实践、历史考验，总结研究，综合分析和提升。生态文明建设是人类文明史上的一项伟大功绩。

2. 生态文明的提出加深了对人、生命、生态、环境的认识和理解

人类对生命的认识和理解只能说明迈开了稚嫩的一步。在科学意义上，生物学的发展才只有二三百年的历史，而对生命科学的提出则更晚，并且以往的生命科学着重于对生命个体的分析。其实，自然界的生命，显然不是孤立的，而是依赖地球上的无机、有机和其他动、植物，甚至地球之外的天体、星系的光、电磁波及其他射线等都对生命产生影响。揭示生命系统的生命科学只是在20世纪后期才开始。由此，对生命必须从生态意义来理解，才比较符合实际、更加科学。生命和非生命都处于一定的环境中，但只有生命处于生态中，生态是生命的环境。对任何生命而言，其环境都是一个生态系统。因此，生命必须和生态联系一起才能理解。在生态系统中，人是特定时空的有限存在物。他（她）不是世界的中心，而是生物群落中的消费者。他（她）处在生物群落生产者和分解者的关系中，处在与非生物环境的能量交换中。人是消费生产者，但最终必然被分解者所分解，被生产者所消费。

3. 生态文明的提出促使社会财富、阶层的重组

在生态文明时期，人类智力的增长和信息技术发展，促使社会财富和阶层进行重组，社会结构发生深刻变化。美国未来学家托夫勒曾预言，谁拥有知识，谁就拥有权利，在权利构成三要素中，知识已成为取代暴力和财富的主宰，信息社会的劳动力结构走向知识化，劳动高度智力化与白领化，即科学家、高级工程技术人员和计算机软件等人员日益增长。日本经济学家认为，

人类文明史表明，农业社会的社会中坚是绿领阶层；工业社会的社会中坚是蓝领阶层；高度工业化社会的社会中坚是白领阶层。社会阶层的变化必将引起社会劳动观、财富观、价值观、就业观和文化观的变化。这是生态文明发展的必然结果和要求。

自然生态环境问题，归根结底是人类生存与发展的自然资源的有效配置和对生态环境的有效保护问题。生态文明建设好了，对人类自身及其子孙后代的生存与发展都有益。现在，人类已经跨入生态文明时代的门槛。可以预料，在生态文明建设的道路上，还会出现曲折和需要付出许多艰辛，这是在所难免的。人类追求生态文明是时代的大趋势，生态文明终将实现。

二、生态文明与水资源的关系

前面已经指出，人类社会正在步入生态文明时代。在生态文明时代，要达到发展经济和环境保护并举、经济效益和生态效益兼顾、生产力发展与自然和谐"双赢"的奋斗目标，为全面建设生态文明的和谐社会提供物质技术基础和生态环境双重保障，人类就必须坚持在发展中保护、在保护中发展，就应当坚持以人为本原则，树立全面、协调、可持续的发展观，促进经济社会和生态环境的全面发展，就应该勇敢地追求人与自然和谐相处，正确处理经济发展同人口、资源、环境的关系，改善生态环境和美化生活环境，努力开创生产发展、生活富裕、生态良好的文明发展道路，把青山绿水留给子孙后代。那么，生态文明与人水和谐有什么关系呢？换句话说，水资源在生态文明阶段将起到什么样的作用，水利工程将发挥怎样的功能，水资源管理又有哪些工作要做呢？要弄清这些问题，应从生态与水的关系谈起。

众所周知，生物与环境因素的相互关系就是生态，生物系统与环境系统构成的结构与功能单元称作生态系统。生物系统包括植物、动物、微生物；环境系统包括有机环境与无机环境。有机环境包括有生命的有机体、死亡的生物个体及有机质等。无机环境由阳光、空气、水分、土壤、岩石等生物赖以生存的无机要素构成。若泛指生态系统的环境，则涵盖的内容更为广泛，因为生物与生物之间，一种生态系统与另一种生态系统之间均可互为环境。被微生物分解过的有机体、有机物，最终都变为水、二氧化碳、无机盐类，以及阳光、热量、降水等气候因子储存在环境中，环境是植物等生产者再生产的原料储存库。从宏观上看，环境还应包括星际环境，如太阳系中的引力，特别是地球、月亮和太阳之间的星际关系。

在生态系统中存在着五种循环与作用，这就是：气候系统、水文循环、食物链（网）、养分循环及能量交换。具体说，气候系统和水文循环为生物群落提供了生存条件。太阳能由绿色植物光合作用转换为生物能，进行着能量交换作用。生态学把各种生物划分为生产者、消费者和分解者三大功能类群。所谓生产者是能用简单无机物制造有机物的自养生物，包括所有绿色植物和某些细菌。绿色植物通过光合作用制造碳水化合物。碳水化合物又可进一步合成脂肪和蛋白质。在这个过程中，太阳能转化为生物能。这些有机物是地球上包括人类在内的一切异养生物的食物来源。自养生物是生态系统中最基础的部分。所谓消费者是不能用无机物制造有机物的生物，它们直接或间接地依赖于生产者所制造的有机物。这些生物属于"异养生物"，包括草食动物和肉食动物。消费者在生态系统中起重要作用，它们对初级生产物起加工、再生产的作用，也促进其他生物的生存、繁衍。所谓分解者都属于异养生物，包括细菌、真菌、放线菌、土壤原生动物和一些小型无脊椎动物。这些异养生物在生态系统中连续地进行着分解作用，把复杂的有机物逐步分解成简单的无机物，最终将有机物以无机物的形式回归到环境中。所以，这些异养生物又称为"还原者"。由于这三大类生物在不断作用，构成了"简单无机物质—有机物质—简单无机物质"的反复物质循环。在这个过程中食物链（或食物网）起通道作用，使能量源源不断地流向动物和微生物。水和营养物质碳、氧、氢、磷等又通过食物链、食物网不断地合成和分解。在环境与生物之间反复地进行着生物—地球—化学的循环作用。以生物为核心的能量流动和物质循环，是生态系统最基本的功能和特征。

生态系统是一个整体，系统内的各个因子不能分解成独立的因子而孤立存在。如果人为将某些因子与生态系统割裂开来，那么，分割出去的因子就不具备系统整体的特点和功能。在一个健全的生态系统中，动物、植物、微生物相互之间是一种相生相克的平衡制约关系，这种关系有可能抑制某物种的过度生长与蔓延。生态系统内任何一种因素的减少，都会引起生态系统的失衡。试想，如果人类活动打破了这种平衡制约关系，某些特定物种（如我们所厌恶的某些藻类）就会无限制地生长蔓延造成对环境的破坏，甚至造成对人的威胁。人们要尊重生态系统的平衡，更要防止人们自身的活动破坏这种平衡。一旦出现失衡现象，人们要竭尽全力恢复这种平衡。

水是生态环境系统最重要的因子，水在生态系统的形成、发展和演替过程中起着决定性作用。同时，水又是生态系统中最为敏感的因子，在自然条件或人为活动干扰下，其变化会引起其他环境要素的变化，从而影响整个生态系统的稳定性，改变生态群落的原有结构，最终导致生态系统的改变。河流、湖泊中的水与数以百万计的物种共存，处于复杂的平衡之中，并通过气候系统、水文循环、食物链、养分循环以及能量交换相互交织在一起。从微观角度看，一切生命物质成分的 90% 是水。所以，水是生物群落生命的载体，又是能量流动和物质循环的介质。可以说，水是生态系统的组成部分，与动物、植物、微生物共生共存，水为生物群落提供生命之源，反过来，生物群落又净化了水，使得流水不腐，清水长流，形成了自然界的特殊功能，也形成了水体自然净化的机制。一旦水体离开了生物群落，脱离了生态系统，生态系统赋予水体的自净功能就会削弱。水体必须与生物群落共存，水体不能从水生态系统中分割出来，更不能离开与它共生共存的生物群落（动物、植物和微生物）。早在人类出现以前，大自然就是依此规律运行，使得江河湖泊保持着洁净。我们由此可以得到一个基本规律：在一个健全的生态系统中，水质洁净是必然的结果。

水是生态系统的控制性因子之一。一方面，水作为生态系统中最活跃的因子，是决定生物生存的重要条件之一；另一方面，在生态系统中，所有的物质循环都是在水分的参与和推动下实现的。水深刻地影响着生态系统中的物理过程、化学过程和生物过程。由此可见，水在生态系统中的地位是如此之重要——它与整个生物界共存亡。难怪在工业文明时代，人们在从事水利工程建设时，对水在地球生物圈和气候系统中的运动，以及在水文循环中的迁移转换规律虽然有较多的研究和较为深刻的认识，但是由于对水在生态系统与生物群落之间进行的能量交换、食物链、养分循环关心不足，忽视了生态用水，从而造成水资源短缺、水环境污染等一系列问题。

水滋养了整个生物界，水更滋养了人类，因为毕竟人类只是生态系统的一个组成部分。当把人类社会与生态系统联系起来时，生态系统又可以看作社会经济发展所必需的动态的"生产因素"，在生物化学循环和水循环的相互作用中为人类提供生命给养，也就是说生态系统为人类提供可更新的资源和生态服务，因而是人类社会的福利基础。如果没有生态系统，则人类无法得到可更新的资源和生态服务。同时，人类无节制的索取活动又给生态系统造成多方面的胁迫和资源短缺，生态环境的破坏和水环境污染给人类和生态系统带来生存危机。而人类乃至整个生物界在生命意义上终归离不开水。在人类文明史中，人类对水的认识是在依赖亲近、开发利用、避害治理中逐渐深化的，从某种意义上讲，水不只养育了人类，它更开启了人类的智慧之门，从中国传说的"大禹治水"到西方神话"挪亚方舟"，东西方源头文化无不与水有关，并闪烁着人类理性的光芒。

水在生态系统和人类社会发展中是如此之重要，但并非越多越好，水多了必然泛滥成灾，造成低凹地区淹没，使得生活或生长在低凹地区的生物和人群死亡或遭受损失，水少了也不行，水少了必然会有一部分生物和人群得不到应有的水分而干旱死亡；水脏了会污染生物和人群，使生物和人群染病死亡。如此看来，保持适中的水量和清洁的水质是生态平衡发展的决定性因素，也是人类社会经济发展的决定性因素。

水少时水贵如油，水多时又凶如猛虎，到底应怎样与水相处？人类在实践中求索，科学家在研究中探讨，政治家在思索中解疑。在历经了无数的进退悲喜之后，全世界不同意识形态的人们面对水的威胁，暂且搁置一切政治成见而达成共识，这就是《21 世纪议程》所指出的："水不仅为维持地球的一切生命所必需，而且对一切社会经济部门都具有生死攸关的重要意义。"人们在关于水的共同思考和求索中，对人与水两者关系的认识也是与时俱进的，提出了"人水和谐"的科学理念，足见人类智慧的深邃。

近年来，通过水资源与生态环境相关性的深入研究和多年实践，人们已经认识到水资源不仅是社会经济发展的重要战略性基础资源，同时，也是生态环境系统的重要物质基础，对生态环境保护具有不可或缺的重要作用。保护和改善生态环境，是保障社会经济可持续发展所必须坚持的基本方针，而保证生态需水和给洪水以出路是实现这一基本方针的重要基础。

第五章　水资源管理制度

第一节　水资源管理制度概述

一、水资源优化配置制度

制度即法度、法则。水资源管理制度是指在开发、利用、节约、保护、管理水资源和防治水害的活动中，应共同遵守的、按一定程序办事的规程和行动准则。水资源管理法规、政策，管理原则、目标、内容等的实现，需要靠水资源管理制度给予保障。建立和实施符合社会主义市场经济规律的水资源管理制度是落实改革水资源管理体制的重要内容，是水资源管理工作的主要操作规程和法律、法规依据。

在水资源承载能力和水环境承载能力的基础上，根据水资源存在状况及时空变化规律，按照人民生活、经济社会及生态环境需水要求，合理优化配置有限的水资源，是水资源管理的重要内容，是实现水资源可持续开发利用和经济社会可持续发展相协调的重要手段。为此《水法》在加强水资源宏观管理和配置及在水资源的微观分配和管理上，实行以下基本制度。

（一）水资源规划制度

1. 要求

水资源规划是一切水事活动的基础，《水法》要求开发、利用、节约、保护水资源和防治水害，应当全面规划、统筹兼顾、标本兼治、综合利用、讲求效益。《水法》将水资源规划单列一章，强调了规划的重要性及其法律地位。这对进一步规范和加强水资源规划，对保障水资源的可持续利用、合理配置等具有十分重要的意义。《水法》指出："开发、利用、节约、保护水资源和防治水害，应当按照流域、区域统一制定规划。规划分为流域规划和区域规划。"

2. 规划层次和责任

《水法》首次将规划分为四个层次，并就规划的种类、制定权限与程序、规划的效力和实施等做了规定：

（1）全国水资源战略规划

国家负责的是全国水资源战略规划，把国家级规划的定位提高到战略的高度。

（2）重要江河、湖泊的流域综合规划

国务院水行政主管部门会同国务院有关部门和有关省、自治区、直辖市人民政府负责编制国家确定的重要江河、湖泊的流域综合规划，报国务院批准。

（3）跨省级江河、湖泊的流域综合规划和区域规划

跨省、自治区、直辖市江河、湖泊（国家确定的重要江河、湖泊除外）的流域综合规划和区域综合规划，由有关流域管理机构会同江河、湖泊所在地的省、自治区、直辖市人民政府水行政主管部门和有关部门编制，分别经有关省、自治区、直辖市人民政府审查提出意见后，报国务院水行政主管部门审核；国务院水行政主管部门征求国务院有关部门意见后，报国务院或者其授权的部门批准。

（4）其他江河、湖泊的流域综合规划和区域综合规划、专业规划

由县级以上地方人民政府水行政主管部门会同同级有关部门和有关地方人民政府编制除上述规定以外的其他江河、湖泊的流域综合规划和区域综合规划，报本级人民政府或者其授权的部门批准，并报上一级水行政主管部门备案。

专业规划由县级以上人民政府有关部门编制，征求同级其他有关部门意见后，报本级人民政府批准。

3. 管理

《水法》规定水资源规划一经批准，必须严格执行。经批准的规划需要修改时，必须按照规划编制程序经原批准机关批准。

4. 实行同意书制度

编制的各级、各类水资源规划必须按上述规定得到批准，方可生效。

建设水工程，必须符合流域综合规划。在国家确定的重要江河、湖泊和跨省、自治区、直辖市的江河、湖泊上建设水工程，未取得有关流域管理机构签署的符合流域综合规划要求的规划同意书的，建设单位不得开工建设；在其他江河、湖泊上建设水工程，未取得县级以上地方人民政府水行政主管部门按照管理权限签署的符合流域综合规划要求的规划同意书的，建设单位不得开工建

设。水工程建设涉及防洪的，依照防洪法的有关规定执行；涉及其他地区和行业的，建设单位应当事先征求有关地区和部门的意见。

（二）水资源论证制度

《水法》规定，国民经济和社会发展规划及城市总体规划的编制、重大建设项目的布局，应当与当地水资源条件和防洪要求相适应，并进行科学论证；在水资源不足的地区，应当对城市规模和建设耗水量大的工业、农业和服务业项目加以限制。

2002年，水利部、国家发展计划委员会发布第15号令《建设项目水资源论证管理办法》，对于直接从江河、湖泊或地下取水并需申请取水许可证的新建、改建、扩建的建设项目（以下简称"建设项目"），建设项目业主单位（以下简称业主单位）应当按照本办法的规定进行建设项目水资源论证，编制建设项目水资源论证报告书。

《建设项目水资源论证导则》（GB/T35580—2017）对建设项目水资源论证的分析和论证范围、论证分类分级指标、取用水合理性分析、取水水源论证、取水和退水影响论证做了详细的技术规定。其报告书编制的主要内容包括：

①总则。

②水资源论证内容、等级、范围与程序（包括：水资源论证内容与等级；水资源论证范围与程序）。

③建设项目所在区域水资源状况及其开发利用分析（包括：分析范围与水资源状况；水资源开发利用分析）。

④建设项目取用水合理性分析（包括：基本要求；取水合理性分析；用水合理性分析；节水潜力分析）。

⑤建设项目地表取水水源论证（包括：基本要求；论证范围；基本资料；地下水资源量分析；地热水资源量分析；泉水资源量分析；矿坑排水水源论证；地下水水质分析；布设的合理性分析；取水可靠性与可行性分析）。

⑥建设项目地下取水水源论证（包括：基本要求；论证范围；基本资料；地下水资源量分析；地热水资源量分析；泉水资源量分析；矿坑排水水源论证；地下水水质分析；布设的合理性分析；取水可靠性与可行性分析）。

⑦建设项目取水和退水影响论证（包括：基本要求；论证范围；基本资料；地表取水影响分析；地下取水影响分析；退水影响分析；入河排污口设置和水资源保护措施；取水和退水影响补偿方案建议）。

⑧特殊水源论证要求及部分典型行业论证补充要求（包括：特殊水源论证要求；部分典型行业论证补充要求）。

建设项目利用水资源，必须遵循合理用水、节约使用、有效保护的原则，符合江河流域或区域的综合规划及水资源保护规划等专项规划，遵守批准的水量分配方案或协议。

业主单位在向发展计划主管部门报送建设项目可行性研究报告时，应当提交水行政主管部门或流域机构对其许可（预）申请提出的书面审查意见，并附具经审定的建设项目水资源论证报告书。未提交取水许可（预）申请的书面审查意见及经审定的建设项目水资源论证报告书的，建设项目不予批准。

水资源论证制度对促进水资源的优化配置和可持续开发利用，保障经济社会建设发展的合理用水要求是很具积极意义的。

（三）实行总量控制和定额管理制度

《水法》规定，国家对用水实行总量控制和定额管理相结合的制度。这一规定可对落实执行国家实行计划用水、厉行节约用水的方针起保障性作用。这一规定要求各级行政区域的用水必须在限额内进行合理配置和计划供给，从而将整个经济社会的用水行为有力地监控起来，防止盲目取水、用水行为的发生。

任何行政区域用水量的大小，应当由其经济社会规模和确定的合理用水定额进行确定。用水定额在水量分配中起着基础性的科学依据作用，因而合理编制用水定额是非常必需和重要的。

《水法》规定：省、自治区、直辖市人民政府有关行业主管部门应当制订本行政区域内行业用水定额，报同级水行政主管部门和质量监督检验行政主管部门审核同意后，由省、自治区、直辖市人民政府公布，并报国务院水行政主管部门和国务院质量监督检验行政主管部门备案。县级以上地方人民政府发展计划主管部门会同同级水行政主管部门，根据用水定额、经济技术条件及水量分配方案确定的可供本行政区域使用的水量，制订年度用水计划，对本行政区域内的年度用水实行总量控制。

（四）实行水中长期供求规划

水中长期供求规划是协调水的总供给与总需求之间基本平衡的指导性计划。它是依据水的供求现状、国民经济和社会发展规划、流域规划、区域规划，按照水资源供需协调、综合平衡、保护生态、厉行节约、合理开源的原则制定的。

《水法》规定，国务院发展计划主管部门和国务院水行政主管部门负责全国水资源的宏观调配。全国和跨省、自治区、直辖市的水中长期供求规划，由国务院水行政主管部门会同有关部门制订，经国务院发展计划主管部门审查批准后执行。地方的水中长期供求规划，由县级以上地方人民政府水行政主管部门会同同级有关部门依据上一级水中长期供求规划和本地区的实际情况制订，经本级人民政府发展计划主管部门审查批准后执行。

（五）实行水量分配方案和调度预案制度

编制一般水情年份水量分配方案是水资源规划的重要内容，是执行各项水量分配制度的依据。在不同行政区域之间的边界河流上建设水资源开发、利用项目，应当符合流域经批准的水量分配方案，县级以上地方人民政府水行政主管部门或者流域管理机构应当根据批准的水量分配方案和年度预测的来水量，制订年度水分配方案和调度计划，实行水量的统一调度。

针对发生特殊情况干旱年和干旱期的水情状况，尤其是水荒，要制订相应的应急预案，包括供水、节水防御方案、对策和措施，例如针对可能发生的不同旱情，按照保障城乡人民生活用水、保障重点企业和高效益企业生产用水、保障高效农作物灌溉用水的顺序，制订应急用水方案；限制或者关停高耗水单位用水，对居民生活供水实行定时、限量；必要时可采取临时经济调节手段及行政手段（如威海市在特殊干旱年的干旱期供水水价达到 35 ~ 40 元 /m^3），确保供水安全；在城市，要合理安排和实施城市应急供水和水源工程建设，应急水源工程建设要兼顾当前和长远，科学论证，统筹安排。

《水法》规定，跨省、自治区、直辖市的水量分配方案和旱情紧急情况下的水量调度预案，由流域管理机构同有关省、自治区、直辖市人民政府协商后制订，报国务院或其授权的部门批准后执行。其他跨行政区域的水量分配方案和旱情紧急情况下的水量调度预案，由共同的上一级人民政府水行政主管部门同有关地方人民政府协商后制订，报本级人民政府批准后执行。

水量分配方案和旱情紧急情况下的水量调度预案经批准后，有关地方人民政府必须执行。

二、取水许可制度

取水许可制度根据《水法》制定，是体现国家对水资源实施权属管理和统一管理的一项重要制度，是调控水资源供求关系的基本手段。实行这一项制度，就是直接从江河、湖泊或者地下取水的单位和个人，应当按照国家取水许可制度和水资源的有偿使用制度的规定，向水行政主管部门或者流域管理机构申请领取取水许可证，并缴纳水资源费，取得取水权，但是，家庭生活和零星散养、圈养畜禽饮用等少量取水的除外。

我国是一个水资源紧缺的大国，实行取水许可制度，对于加强水资源的统一管理，实行计划用水、厉行节约用水、促进水资源的合理开发利用，避免环境恶化，都有着十分重要的意义。

三、水资源有偿使用制度

《水法》规定，直接从江河、湖泊或者地下取水的单位和个人，在取得取水许可证，取用水资源缴纳水资源费后，才算获得取水权。相应地，若取用水资源不按规定缴纳水资源费，就将失去取水权。它是体现国家对水资源实行权属管理的行政事业性收费。所以，水资源费作为体现国家对水资源实行有偿使用制度的经济利益关系的反映，应当起到调整水资源供需关系的作用。

四、计划用水、超定额用水累进加价制度

（一）计划用水

《水法》规定，用水应当计量，并按照批准的用水计划用水。所谓计划用水，即根据国家或某一地区的水资源条件，经济社会发展用水等客观情况，科学合理地制定用水计划，并在国家或地方的用水计划指导下将水资源分配到各类、各级用水单位或个人。

计划用水管理制度是指有关用水计划的编制，审批程序，计划的原则、内容和要求，以及计划的执行和监督等方面系统的规定。其目的是通过科学合理地分配水资源，有效地控制用水、节约用水、减少用水矛盾，提高水资源的利用效率，并切实保护水资源，促进水资源的良性循环，以适应日益发展的社会经济对用水的需要。

《取水许可和水资源费征收管理条例》第三十九条规定："县级以上各地方行政区域的年度水量分配方案和年度取水计划，由县级以上地方人民政府水行政主管部门根据上一级地方人民政府水行政主管部门或者流域管理机构下达的年度水量分配方案和年度取水计划制定。"第四十二条规定："取水单位或者个人应当在每年的12月31日前向审批机关报送本年度的取水情况和下一年度取水计划建议。"

计划用水制度，旨在通过科学、合理分配水资源，有效控制用水，加强节约用水，切实保护水资源，减少用水矛盾，提高用水效率，以适应国家和不同地区经济、社会发展的用水要求，并使水资源得以循环再生，永续利用。

在我国，计划用水制度是实施其他用水管理制度和规定的前提，只有在计划用水的前提下，用水许可和征收水费、水资源费及其他用水管理活动才有实际的意义。尤其是在节水型社会建设中，无论是国家法律法规、政策和有关规章制度的贯彻落实，还是水资源的优化配置、节水技术的推广应用、用水节水经济管理措施的有效实施，用水计划指标在其中起着枢纽和杠杆的作用，主要包括：

①计划用水为水资源管理工作提供了基础，是管理者行动的依据。

②计划用水有助于合理配置水资源，提高管水、用水效率。

③计划用水将水管理部门与社会经济各部门紧密地联系起来，有助于合理使用水资源。

因此，我国需要通过科学合理的计划用水指标体系和切实可行的实施办法，保障节水型社会的建设与发展，同时需要通过实施计划用水管理制度，将水资源产权管理和使用权有机地结合起来。尤其是在我国现阶段社会主义市场经济尚处于建设与完善时期，市场调节对水资源的配置还不能充分发挥作用，若不对使用水的行为和过程进行有力的管理，就很难保证有限的水在社会经济建设中创造最佳的效益。因而，通过计划用水管理制度把用水使用权监督管理起来，有助于水行政主管部门对水资源的产权管理，以及其他各项用水管理基本制度的贯彻实施。

（二）超定额用水累进加价

我国日渐紧缺的水资源局势和日益增长的用水需求，都促使对水资源应当严格管理，严格按照水情和经济社会建设的合理用水需求实行计划用水，方可保障用水秩序和经济社会发展。因而，对不按规定取用水资源，不按规定的供水计划用水的，按《水法》规定实行超定额用水累进加价制度，以处罚违规取用水行为和超计划用水行为。

（三）用水计量

计划用水、超定额用水累进加价制度，以及水资源有偿使用和节约用水等各项制度、措施的实行，都有赖于对用水的计量，用水计量准确才能谈及对水的有效管理。取水单位和个人应当按水行政主管部门的要求，安装质量合格的量水计量设施。如《山东省水资源费征收使用管理办法》规定，未按规定安装计量设施或者未及时更换已损坏的量水计量设施的，按设计最大取水能力或取水设备额定流量全时程运行计算缴纳水资源费。这对促进取水单位和个人安装量水计量设施是很有效的管理办法。

同样，对用水单位内的各级用水计量设施的配置安装，应执行《中华人民共和国计量法》《企业能源计量器具配备和管理通则》《企业水平衡测试通则》《评价企业合理用水技术通则》的有关规定，对各种水源取水应按规定安装计量装置，企业内车间用水计量率应达到100%，设备用水计量率不低于90%，水表的精确度应低于正负2.5%，并应定期检查、校验计量装置。

五、节约用水制度

我国是一个水资源短缺的国家，水资源短缺已经成为严重制约我国经济建设和社会发展的重要因素，坚持开源与节流保护并重、节流优先的原则，提高水资源的合理利用水平，是我国必须坚持的长期基本方针，是保障经济社会实现可持续发展的必然需要。建立有利于开展节水工作的管理制度、运作机制，以及节水的工程技术和管理技术是实现节约用水、提高用水效率的根本，是实现建立节水型工业、农业及服务行业，建立节水型社会的保障。根据《水法》精神，节约用水制度主要包括以下三种基本管理制度。

（一）落后工艺、设备和产品淘汰制度

国家逐步淘汰落后的、耗水量高的工艺、设备和产品，具体名录由国务院经济综合主管部门会同国务院水行政主管部门和有关部门制定并公告。生产者、销售者或者生产经营中的使用者应当在规定的时间内停止生产、销售或者使用列入名录的工艺、设备和产品。

（二）建设项目"三同时"制度

《水法》规定，新建、扩建、改建建设项目，应当制订节水措施方案，配套建设节水设施。节水设施应当与主体工程同时设计、同时施工、同时投产（简称"三同时"）。

工业企业应做到用水计划到位、节水目标到位、节水措施到位、节水制度到位，各有关部门和企业，应结合自己的特点，制定各项管理制度，如制定工业产品的用水定额，工业节水管理办法等，形成一套行之有效的工业节水管理机制，通过管理创新、制度创新，不断提高工业节水水平。

（三）生活节水型器具强制推行制度

《水法》规定，城市人民政府应当因地制宜采取有效措施，推广节水型生活用水器具，降低城市供水管网漏失率，提高生活用水效率。

加大国家有关部门节水技术政策和技术标准的贯彻执行力度，强制推行生活节水型器具的运用，是执行节约用水管理政策和制度的重要内容。所有新建、改建、扩建的公共和民用建筑中，均不得继续使用国家明令淘汰的用水器具；现有公共建筑和机关、企事业单位安装使用的不符合节水标准的用水器具，必须在规定的期限内强制性全部更换为节水型器具；对现有居民住宅中安装使用的不符合节水标准的用水器具，也要结合水价的调整，采取相关配套措施，鼓励和引导居民尽快淘汰更换。

六、水质管理制度

为了加强水污染防治，强化水质管理，《水法》确立了相应的水功能区划、控制排污总量、饮用水水源保护区及排污口管理的法律制度。

（一）水功能区划制度

水功能区是根据流域或区域的水资源状况，并考虑水资源开发利用现状和社会经济发展对水量和水质的要求，在相应水域划定的具有特定主导功能、有利于水资源的合理开发利用和保护、能够发挥最佳效益的区域。在《水功能区监督管理办法》中对水功能区的界定为：水功能区是指为满足水资源合理开发和有效保护的需求，根据水资源的自然条件、功能要求、开发利用现状，按照流域综合规划、水资源保护规划和经济社会发展要求，在相应水域按其主导功能划定并执行相应质量标准的特定区域。

水功能区划则是指对水功能进行划分的过程，也就是按照各类水功能区的指标和标准将某一水域划分为不同类型的水功能区单元的工作。所划分的水功能类型区，主要用于指导、约束水资源开发利用实践活动，保证水资源开发利用的经济、环境和社会效益。水功能区划工作既是一项水资源开发利用与保护的基础性工作，又是进行水资源管理的依据。

《水功能区监督管理办法》规定：水功能区分为水功能一级区和水功能二级区。水功能一级区分为保护区、缓冲区、开发利用区和保留区四类。水功能二级区在水功能一级区划定的开发利用区中划分，分为饮用水源区、工业用水区、农业用水区、渔业用水区、景观娱乐用水区、过渡区和排污控制区七类。

国务院水行政主管部门负责组织全国水功能区的划分，并制定《水功能区划分技术导则》。经批准的水功能区划是水资源开发、利用和保护的依据。水功能区的管理应执行水功能区划确定的保护目标。

保护区禁止进行不利于功能保护的活动，同时应遵守现行法律法规的规定。保留区作为今后开发利用预留的水域，原则上应维持现状。在缓冲区内对水资源的质和量进行有较大影响的活动时，必须按有关规定，经有管辖权的水行政主管部门或流域管理机构批准。

开发利用活动不得影响开发利用区及相邻水功能区的使用功能。具体水质目标按水功能二级区划分类分别执行相应的水质标准。国务院水行政主管部门对全国水功能区实施统一监督管理。

县级以上地方人民政府水行政主管部门和流域管理机构按各自管辖范围及管理权限，对水功能区进行监督管理。具体范围及权限的划分由国务院水行政主管部门另行规定。

对于取水许可管理、河道管理范围内建设项目管理、入河排污口管理等法律法规已明确的行政审批事项，县级以上地方人民政府水行政主管部门和流域管理机构应结合水功能区的要求，按照现行审批权限划分的有关规定分别进行管理。

《水法》规定，国务院水行政主管部门会同国务院环境保护行政主管部门、有关部门和有关省、自治区、直辖市人民政府，按照流域综合规划、水资源保护规划和经济社会发展要求，拟定国家确定的重要江河、湖泊的水功能区划，报国务院批准。跨省、自治区、直辖市的其他江河、湖泊的水功能区划，由有关流域管理机构会同江河、湖泊所在地的省、自治区、直辖市人民政府水行政主管部门、环境保护行政主管部门和其他有关部门拟定，分别经有关省、自治区、直辖市人民政府审查提出意见后，由国务院水行政主管部门会同国务院环境保护行政主管部门审核，报国务院或者其授权的部门批准。

上述规定以外的其他江河、湖泊的水功能区划，由县级以上地方人民政府水行政主管部门会同同级人民政府环境保护行政主管部门和有关部门拟定，报同级人民政府或者其授权的部门批准，并报上一级水行政主管部门和环境保护行政主管部门备案。

（二）排污总量控制制度

排污总量控制是指在一定水体功能和水质控制标准要求下，根据各江（河）段、水域的水体纳污能力和技术经济的可行性，按不同水平年对污染物的控制排放量所做出的分配。它是水资源保护规划的核心工作，是逐年实施水资源保护目标控制的直接对象。

提出不同水平年各水功能区污染物控制排放标准量，需要考虑各江河段、水域的水资源特性和水质污染特点，以及近期和远期水资源的需求和水质污染趋势，进行充分的技术经济可行性分析；同时需要将流域作为一个统一的系统，在干支流、上下游、左右岸，地区之间，社会各部门之间进行反复的协调，最后提出一个经多方认可、统筹兼顾的可行的水污染总量控制分配方案，达到实现水污染物排放总量控制的要求，以维护水资源环境的良性循环能力和可持续开发利用能力。县级以上人民政府水行政主管部门或流域管理机构应当按照水功能区对水质的要求和水体的自然净化能力，核定该水域的纳污能力，向环境保护行政主管部门提出该水域的限制排污总量意见。

《水功能区监督管理办法》规定，国家实行水功能区限制纳污制度和水功能区开发强度限制制度。县级以上地方人民政府应当加强水功能区限制纳污红线管理，严格控制对其水量水质产生重大影响的开发行为，严格控制入河湖排污口设置和污染物排放总量，保障水功能区水质达标和水生态安全，维护水域功能和生态服务功能。

《水法》规定，县级以上地方人民政府水行政主管部门和流域管理机构应当对水功能区的水质状况进行监测，发现重点污染物排放总量超过控制指标的，或者水功能区的水质未达到水域使用功能对水质的要求的，应及时报告有关人民政府采取治理措施，并向环境保护行政主管部门通报。

七、水事纠纷调理制度

由于水利牵涉上下游、左右岸，各地区之间和防洪、治涝、灌溉、排水、供水、水运等各项事业之间不同的利益和需要，存在着错综复杂的水事关系。这种关系处理不当，就会引起水事纠纷。这不但影响着相关地区的经济发展和人民生活，也严重地影响着安定团结的局面，所以，《水法》把解决水事纠纷问题作为一项重要的制度。

《水法》总结了我国在协调水事关系、处理水事纠纷正反两方面的丰富经验，把行之有效的办法和政策用法律的形式固定下来，形成了调处水事纠纷的基本法律规范。

《水法》对调处水事纠纷的程序有三条规定：一是地区之间发生的水事纠纷，其调处的程序是双方协商，如协商不成，由上一级人民政府处理；二是单位之间、个人之间及单位与个人之间发生的水事纠纷，其调处的程序是双方协商解决，如当事人不愿协商或者协商不成，可以由当事人请求县级以上地方人民政府或其授权的主管部门处理，对处理不服的，可以在 15 日内向人民法院起诉，也可以直接向人民法院起诉；三是县级人民政府或其授权的主管部门在处理水事纠纷时，有权采取临时处置措施，当事人必须服从。

八、监督检查制度

为保障国家水资源管理政策、法律及各项水资源管理制度的有效执行，《水法》从法律上规定了水行政主管部门和流域管理机构及其水政水资源监察检查人员的水资源管理和监督职责，强化了法律责任，对违法行为人应当承担的法律责任、行政处罚的种类和幅度等都作了明确规定。

九、水资源公报制度

水资源公报制度是按照统一的规定、要求和基本格式，将全国、重要江河流域、行政区域的水事基本情况，向全社会公布，以便全社会了解掌握重要的水资源及其相关信息，增加全社会水资源忧患意识，并为开展计划用水、节约用水、取水许可审批发放、水资源费征缴、水事纠纷查处等水事管理活动提供科学依据，同时，为进行比较长期的水资源分析研究和评价等活动等提供重要的资料。

我国从 1995 年起，编制《水资源公报》，逐年分析提供我国水资源状况、开发利用及管理、农业灌溉、城市用水、水质等方面的情况，以及水资源方面的其他重要事项。目前我国不仅逐年编制发布全国水资源公报，重要江河流域、省（自治区、直辖市）也编制发布水资源公报，这对促进水资源管理工作可以起到重要的基础性作用。

第二节　水资源规划

一、规划指导原则、指导思想、规划基本原则

（一）规划指导原则

我国《水法》第四条规定："开发、利用、节约、保护水资源和防治水害，应当全面规划、统筹兼顾、标本兼治、综合利用、讲求效益，发挥水资源的

多种功能，协调好生活、生产经营和生态环境用水。"这是开发利用水资源和防治水害各项活动的基本指导原则。这一指导原则是对我国几十年来水利建设实践工作的总结，是对现行政策和实践与遵循治水兴利除害客观规律的高度概括。总的来讲，全面规划是手段，统筹兼顾、标本兼治、综合利用、讲求效益，发挥水资源的多种功能，协调好生活、生产经营和生态环境用水是政策和目的。

对于一个流域或一个区域水资源的开发利用和防治水害，上下游、左右岸和地区之间相互关联，防洪、治涝、灌溉、城乡和工业供水、水运、水力发电、水土保持和生态环境等各个方面相互依存、相互影响，构成一个复杂的多目标开放性大系统。这个大系统，既包含复杂的自然科学和工程技术问题，又包含复杂的行为科学和社会、伦理、经济等关系问题。对于这样一个大系统必须统一规划，合理安排水利建设工程，合理配置水资源，合理计划国民经济和社会各项事业，注重对生态环境的保护。要在合理开发、科学利用水资源，有效防治水害的总体要求下，去获得最佳的社会、经济和环境效益，并要坚持避免不顾水资源和生态环境条件，先搞建设，然后临渴掘井，乃至发生先生产而污染环境、后治理的现象发生。

为了促进水资源的合理开发和可持续利用，有效防治水旱灾害，缓解水利对国民经济建设与发展的制约，国家计划委员会同水利部等有关部门制定的《水利产业政策》第三条规定："国民经济的总体规划、城市规划及重大建设项目的布局，必须在考虑防洪安全与水资源条件，必须有防洪除涝、供水、水资源保护、水土保持、水污染防治、节约用水等方面的专业规划或论证。"第五条规定："国家加强水资源的管理，对水利建设实行全面规划、合理开发、综合利用、保护生态的方针，坚持除害与兴利相结合，治标与治本相结合，新建与改造相结合，开源与节流相结合。"

在水资源开发利用与水旱灾害的防治中，国家高度重视规划所起的重要作用，并从政策法规上提出了明确的指导性要求，这也是对我国几十年来水利建设、水利与生态环境关系的经验总结。

(二) 规划指导思想

人类的共同目标是社会－经济－环境－资源复合系统的持续、稳定和健康协调发展。水作为人类所需要而不可替代的自然资源，从水资源与经济建设和社会发展的关系看，既要保证水资源开发利用的有效性、连续性和持久性，又要使水资源的开发利用量尽可能满足国民经济建设和社会发展的需要，两者必须相互协调。没有可持续开发利用的水资源及其良性存在的自然环境，就无从谈及国民经济和社会的持续、稳定和健康发展。相应地，如果国民经济和社会的建设发展以牺牲、耗尽资源为代价，而不是在经济发展的同时，提高、深化人们的思想观念和规范人类行为，用先进的理论和技术指导开发利用水资源环境的战略和措施，则会反作用于水资源及其自然环境系统，影响甚至破坏水资源开发利用的可持续性。

各个时期的规划均体现了具有时代特征的水资源管理准则。现行的水资源开发利用规划的指导思想主要是考虑：

①开发利用水资源所产生的经济效益如何。

②开发利用水资源所采用技术的效率如何。

③实施开发利用水资源的各项措施和管理办法的可能性、可靠性如何。

对水资源的管理准则，近年来，随着社会可持续发展与环境相协调理念的提出与广泛接受，尽管上述指导思想仍然被采用，但是，已迫切需要发展针对水资源管理的新的要求和行为准则。国际水科学界对这个问题非常重视，并积极进行了研讨。在1996年日本京都召开的"国际水资源及环境研究大会：面向21世纪新的挑战"会议上，与会代表提出了有共识的四个基本准则，即：

①可持续发展。

②生态质量。

③考虑宏观尺度系统的影响。

④考虑变化了的自然和社会系统。

按照上述思路，水资源开发利用与保护管理规划的指导思想应是：

①水资源开发利用、环境保护和经济增长、社会发展必须协调一致。

②水资源及其依存的自然生态系统，它们对国民经济建设和社会发展的承载能力是维持水资源供需平衡的基础，是制定水资源开发利用规划的出发点和着眼点。

③规划的水资源开发利用措施，必须保障自然生态系统的良性循环和发展。

④必须利用系统科学的方法研究社会－经济－环境－资源这个复合系统。并用动态的，辩证的观点研究这个复合系统的变化规律。

（三）规划基本原则

规划要适应国民经济和社会发展的要求，获得最大的经济、社会、环境综合效益。除需遵循国家关于水资源开发利用和保护管理方针，遵循国家确定的一定时期内的建设目标、战略重点、战略步骤和一系列方针政策外，还需同时贯彻下述制定水资源规划的基本原则：

①清查水资源开发利用现状和潜力；评估水资源环境承受能力；掌握国民经济和社会发展，以及国土整治、生态环境综合治理等要求，认真做好科学预测，明确规划要求和经济、社会、资源、环境协调发展的目标。

②从整体出发，统筹兼顾，正确处理水资源开发利用工程建设与国民经济各部门和相邻区之间的关系。在水资源与其环境可持续开发利用和节约用水的前提下，水利建设要尽可能地满足各部门的需要，同时，也要求有关建设在规划布局和结构上要适应水源、水源开发利用及环境等方面的特点，并协调一致。

水资源的开发利用及供水配置，应遵循总体最优化原则，要做到局部服从全局，同时照顾局部的利益，正确处理上下游、左右岸和相邻地区之间的关系，妥善调理水事关系和各类矛盾，并充分发挥水资源的社会多功能性特点。

③在水资源开发策略上，要注重地表水与地下水并重，开采与环境保护同步，集中取水与分散取水相结合，统一调度开采与供水，合理配置各类水源相协调。

④实施需水管理，对各类用水进行优化配置，充分发挥经济的和非经济的管理措施在资源优化配置中的调节作用。要在科学合理的用水基础上，预测各类用水量，以及对生态环境可能产生的影响和防治措施。

⑤根据各规划期和规划水平年，认真研究三方面的平衡：水资源供需平衡、投入与产出的平衡、经济效益与生态环境效益的平衡。

⑥结合当地水情特点和国民经济与社会发展的需水要求，合理规划布置开源工程项目及节水技术方案。并认真研究实施这些开源工程项目及节水技术方案的融资方式、投资渠道，以及相应的国民经济和财务效益。

⑦因时因地制宜，按照不同地区、不同时期的条件和特点，从多方面研究选择切实有效的措施。除考虑必要的水利措施和工程措施外，还要考虑农业、林业等必要的非水利措施，考虑管理、政策、立法等必要的非工程措施。

⑧制定出切实可行的水源保护措施，实行水功能区划保护方案，尤其要注重对生活饮用水源地的管理和保护。

关于水资源的开发利用和保护规划的制定原则，要从过去注重自然科学研究转变到自然科学与社会科学研究密切结合；从过去较多研究水如何满足经济和社会发展要求，转变到既要适应发展，又要研究与资源、环境协调发展的制约关系和宏观控制措施；从只注重水利硬件设施建设，转变到硬件、软件相结合，尤其要注重对管理法规、经济杠杆作用等软件的研究；从实现可持续发展的战略高度，研究所制定的规划能否适于社会－经济－环境－资源复合系统的有序协调发展。

二、规划基本要求

针对过去水资源开发利用规划多是单水源、侧重以满足用水需求为目标、重点规划水利建设项目等缺陷，要转变到经济社会发展与资源、环境相协调，实现可持续发展战略的高度上来。

在节约用水的前提下，要优先满足人民生活用水，兼顾农业、工业、生态环境以及航运等用水需要。

流域规划与区域规划、流域综合规划与流域专业规划、区域综合规划与区域专业规划应相互衔接，区域规划应服从流域规划，专业规划应服从综合规划。

三、规划任务

水资源规划是为全国、流域、区域开发利用水资源，防治水旱灾害，维护生态环境的良性循环，并与国民经济和社会发展相互协调发展而制定的总体措施与安排。基本任务是根据一定范围内的国民经济和社会发展的建设方针，规定的水资源开发利用的发展目标，国民经济和社会发展对水资源开发利用的需要，以及水资源环境的水利条件、特点，研究探索自然规律和经济社会发展规律，提出一定时期内开发治理水资源及其环境的方向、任务、主要措施和分期实施步骤，据以安排水利建设任务，以及相应的国民经济和社会发展任务，指导水资源开发利用工程和防治水环境恶化的生态环境建设工程的设计与施工。

四、规划依据

经济和社会的发展是人类永恒的主题，也是势不可挡的历史潮流。在制定水资源规划时，既要支撑和保障经济和社会的发展，更要建立起一种资源和环境约束机制，构建新的满足人类可持续发展的消费模式和行为准则，规范人化自然行为。制定的依据，也就是思考问题的出发点、参照系。

制定水资源规划是为安排今后的供水水源建设提供科学决策依据，为各级水行政主管部门有效管理和保护水源提供科学依据，同时也为有关部门和单位做规划、计划打下基础。制定规划时，应遵守如下依据。

（一）先资源环境，后经济社会发展

水及其相互依存的环境，一方面为人类生存提供不可缺少的各种自然资源与适宜的生存环境条件，另一方面还是人类生产、生活过程中产生的废弃物的容纳场所。尽管水环境对这些废弃物有一定容纳能力，但水环境容量是有限度的。有限的水环境容量一旦被破坏，势必造成水生态环境的破坏，进而影响到水资源质量和人类生存环境，危及人类社会与经济的持续发展。水环境质量是可持续发展的保障。

所以，在制定水资源规划时，首先应摸清所做规划区域，以及相邻区域的水资源及其环境的承载能力。把现实的工作和将来的工作，完全纳入水及其环境可持续利用的限制下（当然应考虑这种限制的动态特性），然后才是能支撑和保障多少、多快的国民经济和社会发展的规模和速度。水及其环境的容量、承载能力，既是制定规划的依据，更是规划中开发利用策略和措施的约束条件，必须放到优先考虑的地位。

（二）遵循国民经济和社会发展规划

国家对国民经济和社会的发展，在不同的规划期和发展水平下，都提出了相应的发展布局、规模、质量及速度等要求，它是制定水资源规划的重要依据。

国民经济和社会发展规划在一定程度上充分运用了国家意志和科技发展水平，采用了先进的科学技术和综合了各方面的信息，在编制水资源规划时，不仅要把它作为实施服务的目标，还应作为安排实施各项规划方案的依据。水资源规划是实现国民经济和社会发展规划的支撑和保障，反之，后者也是前者实现的基础和可能与否的条件。从存在意义上讲，两类规划具有相互依存的关系，从实现的可能性来讲，具有相互促进，互为消长的内外因联系。

（三）依据生产力发展水平制定规划

生产力发展水平反映一个国家或地区在资源、人力、技术和资本总体水平上可能转化为产品和服务的能力。人类的生活、生产活动，特别是社会经济活动，都是在一定地域空间内进行的，这样的地域均表现为一个自然生态系统、经济系统和社会系统紧密耦合的综合体。在这样的耦合体内，水资源的持续利用和发展必须要有地区一定的生产力发展水平来支持，在这样的支持条件下，才可实现规划的目标，脱离这样的支持，规划是不可能实现的。在制定规划时，应充分考虑不同时期区域生产力的发展水平。

随着需水量的增加，水及其环境支撑人类社会发展的关系越来越密切。可被开发利用的水资源量越来越少，难度越来越大，节约用水和水环境保护要求越来越高，没有先进的科学技术和管理水平，没有适度的财力、物力、人力的保证，再好的水资源规划想法，只能是空想，对经济、对社会不可能起到积极的作用。所以，在编制水资源规划时，对不同时期的区域生产力发展水平，应有一个客观的估计，科学合理的测算，不盲目乐观，不悲观失望，把规划及其实施方案定位在一个恰当的高度，执行起来感到既科学合理，又切实可行，这样才可能使编制的规划对水资源的持续利用和经济、社会的持续发展起到协调作用、积极作用。

第三节　取水许可制度

一、概述

取水许可制度根据《水法》而制定，是体现国家对水资源实施统一管理的一项重要制度，是调控水资源供求关系的基本手段。这一法律制度的实施，对于加强水资源统一管理，合理开发利用和保护水资源，促进计划用水和节约用水具有重要意义。但在实践中，由于受"水是取之不尽，用之不竭的自然资源"的观念影响，许多人认为，水是天上掉下来的，无须实施取水许可。事实上，我国是一个水资源紧缺的国家，据统计，按 2017 年全国人口计算，人均水资源占有量只有 2074.53 m^3，预计到 2030 年，人口将接近 16 亿人，人均水资源占有量将降至 1760 m^3，接近国际公认的警戒线。尤其是近年来，随着经济的高速发展、人口的增长，以及人民生活水平的不断提高，对水的需求越来越大，水的供需矛盾日益尖锐。水资源的有限性和水资源属国家所有，决定了水资源的开发利用必须实行取水许可制度。

取水许可制度是水管理的一项基本制度，从水资源管理到用水管理，从水的宏观管理到水的微观管理，分为四个层次。一是解决水的社会总供给与社会总需求的关系。二是做好径流调蓄计划和水量分配方案。三是实施取水许可制度，它是处于宏观管理与微观管理之间的中间管理层次。四是实行计划用水，厉行节约用水。实施取水许可制度，可以将有限的水资源宏观调度和宏观分配方案落实到各个取水单位。通过实施取水许可制度，国家可以将全社会的取水、用水切实地控制起来，成为实行合理用水、计划用水和节约用水的纲要。

通过取水许可证的发放，合理调整各地区、各部门和各单位的用水权益，使用水单位的合法权益得到法律的充分保障。因此，取水许可制度是水资源权属管理的核心。

二、取水许可的审批与发证

为全面实施取水许可制度，统一取水许可申请审批程序，1993 年国务院第 119 号令发布了《取水许可制度实施办法》，国务院于 2006 年 2 月 21 日重新修订发布了《取水许可和水资源费征收管理条例》，水利部相继于 1994 年 6 月 9 日颁发了《取水许可申请审批程序规定》，于 1995 年 12 月颁发了《取水许可水质管理规定》，于 1996 年 7 月 29 日颁发了《取水许可监督管理办法》，于 2008 年 3 月 13 日发布了《取水许可管理办法》等多部规章。取水许可申请审批的法规体系基本形成。现结合近年来实施取水许可审批工作的实践，阐述一些基本问题。

（一）取水许可制度实施的范围

根据《水法》和《取水许可监督管理办法》《取水许可申请审批程序规定》，国家对取用水资源的单位和个人，除以下五种情形外都应当申请领取取水许可证，并缴纳水资源费：

①农村集体经济组织及其成员使用本集体经济组织的水塘、水库中的水；

②家庭生活和零星散养、圈养畜禽饮用等少量取水；

③为保障矿井等地下工程施工安全和生产安全必须进行临时应急取（排）水；

④为消除对公共安全或者公共利益的危害临时应急取水，

⑤为农业干旱和维护生态与环境必须临时应急取水。

因此，凡利用水工程或者机械设备直接从江河、湖泊或者地下取水的一切单位和个人，除依法不需要或免于申请取水许可证的情况外，都应当申请取水许可，并依照规定取水。

对于少量取水的限额，《取水许可监督管理办法》规定由省级人民政府根据当地水资源状况确定。例如，某省规定：家庭生活、畜禽饮用取水每年取水量 2000 m³ 以下者，或农业灌溉以行政村或灌区为单位，年取水量 5000 m³ 以下者，或利用人力、畜力或者其他方法少量取水，年取水量 3000 m³ 以下者，均不需要申请取水许可。但在实际操作过程中，还得结合具体情况而论。例如，某农户为了自家的农田灌溉，在集体经济组织或个人合资兴建的山塘中取水或正在准备兴建山塘水库，则还是应当以山塘的所有者为取水单位，统一办理取水许可证。因为农业灌溉是以行政村或灌区为一个取水单位，而不是以单个的农户为取水单位。只要某一取水单位负责人超出上述限额就应申请取水许可。如果在边缘地区，没有统一灌溉设施，各农户是分散取水且又在取水限额以下的，则不需要申请取水许可。

对于某一既有农田灌溉任务，又有城市供水、水力发电任务的水库，其取水许可一般应由水库管理单位一家申请为宜。这样一方面可以简化手续，另一方面还可以避免因水量分配不合理而产生矛盾。但如果这个水库下设发电、供水等几个具有独立法人资格的单位，则这些单位也可以分别申请取水许可。

（二）取水许可审批权限

《取水许可和水资源费征收管理条例》规定取水许可实行分级审批。下列取水由流域管理机构审批：①长江、黄河、淮河、海河、滦河、珠江、松花江、辽河、金沙江、汉江的干流和太湖及其他跨省、自治区、直辖市河流、湖泊的指定河段限额以上的取水；②国际跨界河流的指定河段和国际边界河流限额以上的取水；③省际边界河流、湖泊限额以上的取水；④跨省、自治区、直辖市行政区域的取水；⑤由国务院或者国务院投资主管部门审批、核准的大型建设项目的取水；⑥流域管理机构直接管理的河道（河段）、湖泊内的取水。前款所称的指定河段和限额及流域管理机构直接管理的河道（河段）、湖泊，由国务院水行政主管部门规定。其他取水由县级以上地方人民政府水行政主管部门按照省、自治区、直辖市人民政府规定的审批权限审批。

第四节　水资源有偿使用制度

一、水费与水资源费

（一）水费

水费是指使用供水工程供水的单位和个人，依法按照规定的标准、方法、数量、期限等，向供水工程管理单位缴纳水费。水费的标准应当在核算供水成本的基础上，根据国家经济政策和当地的水资源状况，由省、自治区、直辖市政府指导核定。由于水是一种特殊的商品，因而，在核定水价时，有着与其他商品不同的特点：

第一，水这种商品没有广阔的统一市场，而是按供水系统分割为若干地方性封闭性市场，所以它的价格不受全社会平均劳动量和全社会总供给与总需求量的制约，而是以具体供水工程的供水成本为基础。

第二，水是一种关系到国计民生的重要商品，历来实行计划价格，在现行社会主义市场经济条件下，制定水的价格既要考虑供水成本，又要依据有关政策，要考虑市场供求关系和水资源环境条件，实行差别价格。

第三，水价的制定还要充分考虑当地自然资源条件，在缺水地区要起到抑制需求增长的经济杠杆作用，同时要照顾用水户的承受能力。

（二）水资源费

水资源费是指依据《水法》直接对取用地下水、江河、湖泊等地表水的单位和个人，向水资源主管部门缴纳的费用。它是由水资源的稀缺性和水资源的国家所有权决定的。开征水资源费的主要宗旨是，利用经济杠杆厉行节约用水，遏制用水浪费的现象，加强水资源的管理和保护。同时，也是对水行政主管部门开展水资源管理基础性工作经费不足的一种弥补，因为水资源开发利用前，国家已投入很多资金，用于水资源的调查、勘测、评价和研究等前期工作。

二、水资源价值观

天然水资源是自然环境中未受人类活动影响或人类活动影响其微的各种形态的淡水资源。天然水资源有支持生命、生态、环境和经济、社会发展的正面价值，还有洪、涝、旱、碱等灾害对人类造成的负面影响。随着经济、人口增长，供水日益紧张，水资源短缺和稀缺现象普遍存在，水有价值是客观事实，不以人们的意志而转变。

我国水资源为全民所有，国家通过所有权管理，行使水资源管理职能，因而可通过授予或转让使用权确定天然水的适当价格，如通过申请、发放取水许可证，征收一定费用（或税），从而形成水资源费，这就是天然水的单位价格。

天然水资源的价格或取用天然水应缴纳的水资源费，因地区取水对象（地表水、地下水）和用水性质不同而有差别。例如，对只利用水的形态、水力和容积等不耗水的行业和耗水行业，应在使用权和价格权上有所不同；对只利用水而不耗水的行业，也应根据历史传统和现实状况而定。对于经过开发而从天然水转变为商品水的价格的确定，应采用人工水资源价值观理论来研讨。

人工水资源是指采用人工措施（工程、非工程措施）拦蓄和受控的水，它又被称为产品水（商品水）。从天然水转变为产品水，通过市场转化为商品水或商品电的过程，是水资源价值和价格理论研究的传统领域。在我国经济体制向市场经济转型的今天，商品水的价格仍是一个新课题，要研究，要实验。问题的症结仍是价值与价格相背离，不利于可持续发展。

水资源的开发规模通常需要根据水资源及其环境条件和国家或地区的经济社会发展计划通过综合评价确定。开发后的水资源经营者，是向用户供水、供电和服务的相对独立的企业实体，他们一般在常规的企业财务分析方法的基础上还要将取得水的开发权、经营权时所交纳的水资源费、维持一定生态环境质量水平的补偿费和与工程毗邻的土地使用权变更费用等计入产品水的成本，并在此基础上确定企业产品水价格。

三、水资源费的征收与管理

（一）征收水资源费的依据

1. 社会发展的必然要求

天然水资源是大自然的产物，属全民所有，所有权由国家掌握，国家通过转让使用权，向许可开发经营单位征收一定费用，这就是水资源费，它既体现了天然水资源的价值，也为实施可持续发展所必需。现在世界上许多国家，包括西方发达国家和俄罗斯等，均普遍实行取水登记和取水许可制度，而且开发、使用、经营水资源者也普遍向产权所有者即国家或者其代理部门缴纳水资源费。这表明世界各国对水资源的价值是肯定的，也是接受的。

2. 法律赋予的权力

我国在 20 世纪 80 年代中期开始实行水资源费制度，特别是 1988 年颁布的《水法》规定，对城市中直接从地下取水的单位，征收水资源费；其他直接从地下或江河、湖泊取水的，可以由省、自治区、直辖市人民政府决定征收水资源费。2002 年修订颁布的《水法》，进一步强调了水资源实行有偿使用制度管理的力度，规定"直接从江河、湖泊或者地下取用水资源的单位和个人，应当按照国家取水许可制度和水资源有偿使用制度的规定，向水行政主管部门或者流域管理机构申请领取取水许可证，并缴纳水资源费"。最新修正的版本（2016 年）延续此规定。《取水许可和水资源费征收管理条例》（国务院令第460 号）第二条规定，取水的单位和个人，除规定不需要申请领取取水许可证的情形外，都应申请领取取水许可证，并缴纳水资源费。

(二) 水资源费的征收和使用管理

1.取水单位或者个人应当缴纳水资源费

取水单位或者个人应当按照经批准的年度取水计划取水。超计划或者超定额取水的，对超计划或者超定额的部分累进收取水资源费。

水资源费征收标准由省、自治区、直辖市人民政府价格主管部门会同同级财务部门、水行政主管部门制定，报本级人民政府批准，并报国务院价格主管部门、财政部门和水行政主管部门备案。其中，由流域管理机构审批取水的中央直属和跨省、自治区、直辖市水利工程的水资源费征收标准，由国务院价格主管部门会同国务院财政部门、水行政主管部门制定。

2.制定水资源费征收标准应遵循的原则

①促进水资源的合理开发、利用、节约和保护。

②与当地水资源条件和经济社会发展水平相适应。

③统筹地表水和地下水的合理开发利用，防止地下水过量开采。

④充分考虑不同产业和行业的差别。

3.农业征收水资源费事宜

农业生产取水的水资源费征收标准应当根据当地水资源条件、农村经济发展状况和促进农业节约用水需要制定。农业生产取水的水资源费征收标准应当低于其他用水的水资源费征收标准，粮食作物的水资源费征收标准应当低于经济作物的水资源费征收标准。农业生产取水的水资源费征收的步骤和范围由省、自治区、直辖市人民政府规定。

4.水资源费征收机关

水资源费由取水审批机关负责征收。其中，流域管理机构审批的，水资源费由取水口所在地省、自治区、直辖市人民政府水行政主管部门代为征收。

5.水资源费缴纳数额

水资源费缴纳数额根据取水口所在地水资源费征收标准和实际取水量确定。

水力发电用水和火力发电贯流式冷却用水可以根据取水口所在地水资源费征收标准和实际发电量确定缴纳数额。

取水审批机关确定水资源费缴纳数额后，应当向取水单位或者个人送达水资源费缴纳通知单，取水单位或者个人应当自收到缴纳通知单之日起7日内办理缴纳手续。

直接从江河、湖泊或者地下取用水资源从事农业生产的，对超过省、自治区、直辖市规定的农业生产用水限额部分的水资源，由取水单位或者个人根据取水口所在地水资源费征收标准和实际取水量缴纳水资源费；符合规定的农业生产用水限额的取水，不缴纳水资源费。取用供水工程的水从事农业生产的，由用水单位或者个人按照实际用水量向供水工程单位缴纳水费，由供水工程单位统一缴纳水资源费；水资源费计入供水成本。

为了公共利益需要，按照国家批准的跨行政区域水量分配方案实施的临时应急调水，由调入区域的取用水的单位或者个人，根据所在地水资源费征收标准和实际取水量缴纳水资源费。

取水单位或者个人因特殊困难不能按期缴纳水资源费的，可以自收到水资源费缴纳通知单之日起 7 日内向发出缴纳通知单的水行政主管部门申请缓缴；发出缴纳通知单的水行政主管部门应当自收到缓缴申请之日起 5 个工作日内作出书面决定并通知申请人；期满未作决定的，视为同意，水资源费的缓缴期限最长不得超过 90 日。

6. 水资源费的管理与使用

征收的水资源费应当按照国务院财政部门的规定分别解缴中央和地方国库。因筹集水利工程资金，国务院对水资源费的提取、解缴另有规定的，从其规定。

征收的水资源费应当全额纳入财政预算，由财政部门按照批准的部门财政预算统筹安排，主要用于水资源的节约、保护和管理，也可以用于水资源的合理开发。

任何单位和个人不得截留、侵占或者挪用水资源费，审计机关应当加强对水资源费使用和管理的审计监督。

第六章　水资源管理的法律法规

第一节　法律概述

一、法律的产生及基本类型

（一）法律的产生

法律的产生是人类历史的一个巨大进步，法律文化是人类文化的重要组成部分。没有法律，人类不可能进入文明时代。自从人类社会产生以来，人类就不断探索法律是如何产生的。从古希腊到后现代，众多法学家提出了不少权威性的学说，大体上有3种：①法律是自然产生的；②法律是由神明赋予人类的；③法律是由人类在社会生活、工作等活动中相互订立契约而产生的。

前两种学说现在看来是没有科学依据的，它的产生归根结底是人类对自然的无知和知之甚少。法律具有社会性，它的产生应当主要从社会历史发展和人类自身的角度来分析。"天下熙熙皆为利来，天下攘攘皆为利往"，法律恰恰是为适应利益调节的需要而产生的，其原则是保障多数人的利益。

在原始社会中，社会组织的基本单位是氏族，而调整社会关系的主要规范是风俗和习惯。随着生产力的逐渐发展，在原始社会末期发生了三次社会大分工。首先是畜牧业和农业的分工，随后是手工业和家庭的分离，最后是商业的出现。这样，社会分工越来越复杂，人们的行为越来越摆脱自然分工的限制而受社会分工的支配，生产、分配、交换劳动产品和交往的过程越来越复杂，社会事务行为也日益增多。

经济的发展导致私有制和阶级的出现。在经济上和政治上处于对立地位的奴隶主阶级和奴隶阶级之间不可避免地会产生尖锐的、不可调和的利益冲突。这是原始公社的习惯，已经不能满足奴隶主阶级的需要。为了确认和保障有利于奴隶

146

主阶级的社会关系和社会秩序，就需要有一种能反映奴隶主阶级意志和利益的、新的行为规范。法律这种前所未有的行为规范正是为适应这种需要而产生的。

人类由于产生了阶级、国家，产生了统治阶级和被统治阶级，于是就产生了统治者为统治国家所需要的各种形式的法律。法律是国家的产物，成为统治者统治国家的工具。法律体现为统治者统治国家的工具，有一个标志，那就是统治者，常常会根据自己的政治需要，制定或修改有利于自己统治的法律。

在阶级社会中，国家制定的法律与原始社会中作为行为规范的习俗，是两种不同的社会规范。其主要区别在于：第一，原始社会的习俗是长时间逐渐自发形成的，法律是由国家制定的；第二，原始社会习俗是本氏族内部全体成员意志的体现，维护本氏族所有成员的利益，法律是国家意志的体现，维护统治阶级的利益；第三，原始社会习俗的目的是维护人们平等互助的社会关系和社会秩序，法律是维护有利于统治阶级的社会关系和社会秩序；第四，原始社会的习俗适用于本氏族、本部落的成员，法律适用于国家主权所管辖的领域；第五，原始社会习俗主要靠社会成员内心的信念、氏族首长的威信，由人们自觉遵守，法律是靠国家强制力保障实施的。

二、法律的表现形式

法律的产生，由原始社会的习惯演变为法律是一个渐进的过程。法律产生的规律大致是由习惯过渡到习惯法，又进一步过渡到成文法。法律尽管是阶级矛盾不可调和的产物，是地主阶级野蛮镇压劳动阶级的工具，但以历史唯物主义的观点来看，法律的产生确实促进了人类文明的发展。迄今为止，依照法律的性质来分，法律主要有以下几类：

（一）奴隶制法律

奴隶制法律是人类历史上最早出现的阶级类型的法律。大约在公元前3000年，古埃及法老美尼斯就颁布过法律。古巴比伦王国的《汉穆拉比法典》是保存至今的最早的奴隶制成文法律。古罗马的《查士丁尼国法大全》是奴隶制的法律汇编，对后来的法律有重大影响。在我国，据《左传·昭公六年》记载，我国早在夏朝就已出现奴隶制的法律，"夏有乱政，而作禹刑"。奴隶制法律完全是不平等的产物，它是用极其残酷的方法保护奴隶主的所有制。

（二）封建制法律

封建制法律是继承奴隶制法律之后的又一种剥削阶级的法律类型。在欧洲，中世纪教会法中的《新旧约全书》占有重要的法律地位。在西亚，伊斯兰教的《古兰经》也是重要的封建法律。我国的封建制法律最早出现在公元前 5 世纪末期，其中魏国宰相李悝编纂的《法经》，集春秋末期各诸侯国法律之大成，是我国历史上最早的一部完整的、成文的封建法典。公元 7 世纪，我国唐代的《永徽律》是留传至今最早的封建法典，对我国以后的封建朝代及周边国家的法律建设产生了深远的影响。

封建法制的主要特征表现：第一，它严格维护封建阶级的所有制；第二，公开承认封建制度等级特权制度；第三，用专横残酷的手段维护封建政治制度及其统治政策，如我国的"族诛""夷三族"，以及明清时期的文字狱等。

（三）资本主义法律与法制

资本主义法律与法制是资产阶级在取得反封建专制斗争胜利并夺取国家政权以后建立起来的一种新型法律制度。最初具有代表意义的法典是《法国民法典》，即《拿破仑法典》。之后，各国也陆续开始制定一些重要法律，以取代落后的封建制法律。其主要特点有：第一，确认和保护资本主义私有制，如法国在 1789 年颁布的《人权和公民的权利宣言》中宣称："财产是神圣不可侵犯的权利"；第二，维护资产阶级议会制民主，实行"三权分立"，维护其稳定性；第三，维护资产阶级的自由、平等和人权；第四，确立资产阶级的法制原则，实行其法制与民主的制度化、法律化，并严格依法行使其国家权力，进行国家管理。

（四）社会主义法律与法制

社会主义法律与法制是无产阶级领导人民夺取政权之后，在打碎旧的国家机器，废除旧法律体系的前提下，在总结社会主义实践经验的基础上，创立起来的新法律类型。它主要用于对敌实行专政，确立和巩固社会主义国家制度，调整人民内部矛盾，促进安定团结，保障和促进社会主义经济建设和精神文明建设，为处理对外关系提供法律依据。

三、法律的社会作用

法律的作用是指法律对社会生活的影响。法律的作用可以分为法律的规范作用和法律的社会作用。其中，法律的社会作用是指法律具有维护一定阶级统治和执行一定社会公共事务的作用。

（一）法律在政治方面的作用

法律在政治方面的作用：确认和维护统治阶级在政治上、经济上的统治地位，镇压被统治阶级的反抗，使其活动控制在统治秩序所允许的范围内，调整和解决统治阶级内部的矛盾和纠纷及维护统治阶级与同盟者的关系；保护主体的合法行为和合法权益；制裁一切违法犯罪行为；根据统治阶级的需要，开展与世界各国的交往。

（二）法律在经济方面的作用

法律在经济方面的作用：确立和维护有利于统治阶级的基本经济制度，为巩固和发展这种经济基础服务；保护合法的财产所有权和财产流转关系，调整和解决各种财产纠纷，维护社会经济秩序；促进社会生产力的发展。法律对社会生产力的促进作用是有条件的，这个条件就是统治阶级的利益、意志与社会发展的客观要求一致，以及立法者能够正确认识和运用客观规律。

（三）法律在执行社会公共事务方面的作用

法律可以对一切有关全社会的公共事务进行管理，从而保证人类共同体的存在和发展。法律在执行社会公共事务方面的主要作用有：发展生产、管理和发展文化、教育、科学、技术、人口、公共卫生等事业；保护环境，利用和保护自然资源等。法律在执行社会公共事务方面的作用不仅是统治阶级的需要，而且是社会存在和发展的需要。

（四）法律的阶级统治作用

法律的阶级统治作用与法律的社会公共作用具有内在的统一性。法律的阶级统治作用以法律的社会公共作用为基础，而法律的社会公共作用又必须服从法律的阶级统治作用的需要。

第二节　水资源管理法律法规的产生与发展

一、水法体系

从世界范围看，水法体系可以分为三类：一是习惯法体系，主张水由一个共同体管理，遵守水法的公共性和严格的分配原则；二是传统法体系，它以近代私有制为基础，主张在国家的监督下，水资源为私人专有；三是现代水法体系，主张在国家控制下的水管理，实施以公共利益原则和市场经济原则相结合的水政策。

从有关水的法律的内容看，水法体系的组成如下。

①综合性的水法，一般冠以"水法""水资源法""水资源管理法"等字样。例如，英国的《水资源法》(1963年)就是英国在水资源的开发、利用、保护方面进行全面管理的法律，在英国水法中居于重要的地位。《塞尔维亚共和国水法》包括"水利"(包括水利组织、水利规划、水利许可证等内容)、"防止水土流失""防洪和抗洪""水的利用和保护""水的保护"等内容。《匈牙利水法》《保加利亚水法》《法国水法》等也是综合性较强的法律，大都包括水利、保护水资源、水权、水害等内容。

②水(资源)利用法，如供水法、工业用水法、农业用水法、城市用水法、开采地下水法等。美国的《供水法》(1938年)和印度的《孟买灌溉法》(1879年)、《中央邦灌溉法》(1931年)、《迈索尔灌溉法》(1963年)等就属于这类法律。

③水立法，如水利工程法、水库法、水利设施法等。美国的《科罗拉多河蓄水工程法》(1956年)、《联邦水利工程游览法》(1965年)等就属于这类法律。

④水运法，如航道法、航运法、船舶航行法、河道法等。

⑤水能法，如水电站法等。

⑥水污染防治法，如工业排水法、下水道法等。美国的《水污染防治法》(1972年)，英国的《河流防污染法》(1876年)、《河流洁净法》(1960年)、《土地排水法》(1961年)，印度的《北部渠道和排水法》(1873年)等就属于这类法律。

⑦水资源保护法，如水土保持法、风景河流法、水生生物保护法等。美国的《水土保持和利用法》(1939年)就属于这类法律。

⑧水害防治法，如防洪法等。

⑨特殊水体法(有关河流或某个特定河流、湖泊或某个特定流域的法律，如地下水法、饮用水源法)，如英国的《河流法》、日本的《河流法》(1964年)等就属于这类法律。

⑩其他与水开发、利用、保护有关的法律，如在工业法、农业法、矿产法、城市法、乡村法等法律中往往包括许多有关水资源利用和保护的内容。例如，美国的《国家工业恢复法》(1933年)就包括许多有关水资源利用和保护的内容。

二、国外水资源管理法律法规的历史沿革

丰富的、便于获取的水资源，是人类文明产生和繁荣的必要条件。因而，对水资源的管理，尤其是利用代表国家意志、具有强制性的法律进行管理，伴随着人类文明的整个演进过程，并随着人类活动的扩张和水事关系的日益复杂而不断发展演化。世界水资源管理法律法规，大致经历了以下几个阶段。

（一）习惯法阶段

在人类社会的早期阶段，几乎所有的文明古国，都依靠一些不成文的习惯法对水资源进行管理。这些习惯法包括历史惯例、乡规民约及宗教国家的经典、教观和教义中体现的共同准则等。

水资源在当时作为公共品由全社会共同所有，水资源的分配和使用受到严格控制，并根据可得水量的季节性变化进行调整；在航运、娱乐、渔业等用水途径还没有产生时，水资源的主要用途是人畜日常用水和少量的生产发展用水，如灌溉、城市供水和排污等，这些用水都是免费的，但要受到严格的控制，供水系统由使用者建造和维护，并通过选举管理者代表公众进行管理。

事实上，在这些习惯法阶段的规则和制度中，已经包括了水权、水费制度的安排及水利工程的管理模式等内容，这些都包含了现代水资源法律管理的理念。由于当时人们对自然的敬畏，这些规则充分体现了与自然法则的和谐统一，这也正是如今人们在立法中希望重新建立的基本原则。

（二）传统的成文法典阶段

随着时间的推移，为防止习惯法的规则失传，人们将其编制成文，从而形成了最初的成文法典。在成文法典中，水法规则最早出现在罗马法系中，例如公元前450年前后颁布的十二铜表法、534年完成的《查士丁尼民法大全》等都包含了水资源管理的有关内容。在罗马法系中，共分为三级水权：私有权，附属于土地所有者，随土地的出卖、获得或转让而转移；共有权，无须任何许可，任何人出于任何目的都可以不受限制地使用水；公有权，水体属于国家，其使用受国家控制。罗马法系对水资源管理模式的安排，主要是通过设置强有力的集权水行政部门来管理城市水供给和污水排放、航行、洪水控制和相关的水利工程及建筑，而在灌溉及其他方面则主要依赖习惯法的约束。

　　罗马帝国衰亡和分裂之后，罗马法系中关于水资源管理的规则和思想为各现代国家所承袭并体现于民法中。罗马法系的发展方向主要有3个，其区别主要在于对水权规定的不同。绝大多数欧洲大陆国家实行大陆法系规则，水权规定既有公有也有私有，公有水资源的利用需国家行政许可，私有水资源的利用则依据岸边所有权。英国、美国东部各州和受英语文化影响的国家和地区实行英美普通法系，主要承袭了罗马法系中水资源"共有"的思想，认为水资源不应成为所有权的对象，即使是国家或王室也不能占有。之后，在美国西部一些州新发展起来了"优先占有权"规则。

　　总的来说，罗马法系几乎影响了所有现代国家的立法。在传统的成文法典阶段，水权制度是水资源法律管理中最核心的制度安排。

（三）现代水法形成和发展阶段

　　自20世纪，特别是20世纪下半叶以来，是国际水法历史发展最重要的时期。随着经济的发展和人口的增长，以及水资源开发利用规模的提高，对水资源需求激增，水资源短缺现象日益突出。防治水害和开发水资源越来越成为关系各国社会经济发展大局的重要因素。水资源开发利用带来的综合利用、用水管理、投资分摊、环境保护、组织体制等一系列问题都反映到水法中来。近代世界许多国家都通过正式立法程序制定水法，苏联、罗马尼亚、保加利亚、匈牙利等国将有关水的管理、开发、利用和保护以及防治水害等，均集中于一个法，统称为"水法"。国外一些文献称这一时期为现代水法形成和发展时期。

　　现代水资源立法形式，广义地说，应包括国家宪法条款、国家立法机关通过的法律、政府颁布的通告和规定、部级决定、地方和城市发布的条例等。国际水法协会于1976年在委内瑞拉首都加拉加斯召开的"关于水法和水行政第二次国际会议"上提出，水资源立法内容应包括所有有助于合理保护、开发和利用水资源的活动，按照水量、水质及水和其他自然资源或环境因素的关系拟定。水资源立法内容具体应包括国家水政策目标及实现途径、水的控制和主权权利、用水权的取得、有关水源和用水的禁令、用水优先权、用水条件、水害的防治、水事裁判、用水户参与管理、水资源管理、用水新技术的审查和批准等。

　　目前，国际上已逐渐形成适应现代社会发展需要的现代水法，其主要特点和发展趋势表现在：①扩大水的公有制，强化国家对水资源的控制和管理，淡化水法的民法色彩，加强水的公有性；②强调水质、水域和水环境保护；③强化防治水害的内容，实行除害与兴利相结合的原则，特别是加强了防洪与防止水土流失方面的规定；④按地表水、地下水、大气水的循环转化关系，对其实行综合管理，并改变了将地下水的开发利用从属于土地权属的传统；⑤对水资源的管理，从区域管理发展为流域管理与区域管理相结合的管理体制；⑥实行以取水许可制度或水权登记制度为核心的水权管理制度；⑦水资源实行有偿使用；⑧许多国家趋向于建立水资源的统一管理机制。

1. 美国水资源管理法律法规的发展

美国是较早走上依法管水、依法治水道路的国家之一。该国的大中型水资源工程的规划、兴建和管理，都要通过法律程序决定。法律对于水资源开发利用和管理的每一个环节都有详细的规定。根据不同时期的不同水资源开发目标，美国陆续制定了相应的水法律。

1936—1968 年是美国大规模兴建水资源工程的鼎盛阶段。为了适应水利事业发展需要，美国颁布实施了一系列有关水利的法律法规。1936 年，美国国会通过第一个综合性的《防洪法案》，首次将全国的综合性防洪工作作为联邦政府的一项重要职责。从此，美国开始了大规模的防洪、灌溉、发电等综合性水利工程建设，并优先考虑修建大型水库。1939 年，美国颁布了《水土保持和利用法》。1965 年，美国国会通过了《水资源规划法案》，并成立联邦中央水资源理事会。1965 年，美国国会修订后的《防洪法》开始重视减灾工作，推行工程措施与非工程措施相结合的防洪政策。

1968 年以后，美国在兴建水利工程的同时，开始大力加强水利管理，提高工程综合效益。1968 年，美国联邦政府通过《国家水委员会法案》，成立全国水委员会，负责审查与研究水资源开发的经济效益和社会效益，向总统和全国水资源理事会提出有关水资源开发的建议。1968 年，美国颁布了《全国洪水保险法》，规定各州对易发生洪水的地区必须采取可行措施调整土地利用状况。1973 年，美国颁布了《水土资源规划的原则与标准法案》。这是美国水资源政策比较全面的法案，以后根据需要几经修订。这个时期美国联邦政府颁布的上述相关法案，大都涉及水资源的管理办法。1986 年，美国颁布了《水资源开发法案》，规定了受益地方分摊投资的比例。同时，该法案还规定，从可行性报告阶段起，地方就应提供 50% 的规划设计费用。

2. 荷兰水资源管理法律法规的发展

荷兰由 12 个自治省组成。政府机构分为三级：中央政府、省级政府和市镇政府。在水资源管理方面，这三级政府各负其责。水资源管理在荷兰有很长的发展历史，已形成一套完整的法规体系，现行主要法规如下：

（1）水管理法

水管理法规定了荷兰全国、省级和"水委员会"的规划职能和运作规则，规定了不同水管理机构之间的合同、排水和取水的登记许可，以及在极端环境下的权限等。

（2）地下水法

地下水法规定，省级政府负责地下水的规划和管理，签发许可证和收费。该法主要涉及水量管理，在水质方面，只涉及含水层补给问题，其他方面的水质管理由土壤保护法规定。

（3）土壤保护法

土壤保护法主要是为控制土壤退化和地下水污染而制定的。该法规定省级政府要制定地下水水质保护规划，并以此为基础，在圈定的地下水保护区有限制地使用土地。

3. 英格兰和威尔士水资源管理法律法规的发展

英格兰和威尔士关于水资源管理的立法已有 50 年的历史。它采取基本立法形式，基本立法通常覆盖所有的目标、指导原则和实施对策，而条例包含标准、过程及其他细节。英国于 1989 年颁布了《水法》，建立了水行业私有化的框架。该法案的实施确立了水务办公室作为经济方面的管理部门，负责服务收费等。尽管水务办公室也支付开发水资源的费用，但是它并不直接从事水资源管理，而只是将保证水资源的可靠性作为其服务的最高目标。1989 年的《水法》后来与 1991 年的《水资源法》合并，根据《水法》，国家河流委员会不仅要负责保护环境，还要负责提高环境质量。根据与水务办公室的协议，费用由水行业的消费者承担。

2001 年初，英国政府颁布了《水法（草案）》，建议改革英格兰和威尔士的水开采执照。英国环境、粮食和农业事务部认为，立法的最大益处在于它能保证可持续供水和保护水生环境。

4. 法国水资源管理法律法规的发展

法国的水资源管理成效显著，在世界各国享有盛誉。根据本国特点，法国建立了适合本国、富有特色的水资源法律制度和管理体制。法国是一个法制比较健全的国家，特别是在水资源管理方面，更加注重以法制的手段来规范各种水事行为和水资源管理。法国早在 1919 年就颁布了《水法》，经过多次修改补充，不断完善，目前采用的是 1992 年颁布的《水法》，与水资源管理相关的法律法规还有《公共卫生法》《民事法》等。

首先，法国十分重视水资源保护。按照《水法》的要求全国建有 200 多个监测断面，制定了 63 项用水指标，计量用水已经在法国形成制度化。

其次，注重以流域为单元的水量水质综合管理。法国将全国分成六大流域区，每个流域设立水管局，具体负责流域区的水资源规划管理工作。

最后，以市场手段优化配置水资源。根据《水法》的立法精神，按照谁污染谁付费、谁用水谁付费的原则，法国向用水者和污水排放者都征收费用。法国的水费主要由以下几部分组成：饮用水的费用、城市废水的收集和净化处理费用、管理费、国家引水发展基金会为有益于农村发展而全国分派的捐献费和税。

5. 巴西水资源管理法律法规的发展

为管理保护好水环境，《巴西联邦共和国宪法》第 21 款第 19 条规定联邦政府授权建立国家水资源管理系统，确定使用权的授予标准。1997 年 1 月 8 日，巴西第 9433 号法令获得批准。这是制定国家水资源政策并建立国家水资源管理系统的一部法令。此法令标志着巴西的水资源政策是把水作为一种具有经济价值的公共商品，把解决人畜用水确定为水资源政策优先考虑的目标。

巴西另一个重要的措施是把整个江河流域作为水资源管理的区域单元，2000 年 7 月 17 日，巴西第 9984 号法令获得通过，成立国家水利局（ANA）。国家水利局是一个独立的政府管理机构，采用特殊的行政制度，其任务是开发国家水资源管理系统。国家水利局的成立解决了由水资源管理系统缺乏适当的机构制度而导致法令难以充分实施的问题，为合理利用水资源，巴西还建设了多个流域间水资源调配系统，这些措施都很好地对流域的水资源和水环境进行了保护。

三、中国水资源管理法律法规的历史沿革

（一）中国古代水资源管理法律

我国古代的水资源管理法律，同样经历了从习惯法到传统成文法的发展历程。最早反映水资源管理思想的成文法，可以追溯到西周时期周文王的《伐崇令》(明令禁止填水井，违令者斩)。公元前 651 年，在各诸侯国订立的盟约中，就有禁止修建危害他人利益的堤坝的约定。有关水利施工组织法，最早见于《管子·度地》。

进入封建社会，尽管经历了无数次朝代更迭，但各朝各代都十分注重用法律来调节各种水事关系。从所有权上看，由于"普天之下，莫非王土"，水资源理所当然地也属于统治者所有。水资源管理法律的内容，主要是根据统治者

的需要，制定法律条文以解决水资源利用方面的各种实际问题，如农田灌溉、水利工程、防洪及水事纠纷的协调等。

秦代在丞相李斯的主持下"明法度、定律令"，水利法规包括在《田律》之中。灌溉管理法规最早见于西汉，《汉书·儿宽传》有"定水令以广溉田"的记载。历代著名的法典，如《大唐六典》《唐律疏义》《水部式》《明律》等，都有水利法规可考。这时的水法规多是分散在其他法典条文中，但针对具体问题也出现了一些专门的法律，如唐代颁布的关于水行政管理的专门法《水部式》，金代颁布的关于防洪方面的《河防令》，汉代的《水令》、宋代的《农田水利约束》则是关于农田水利方面的法规。

唐代的《水部式》是由中央政府作为法律正式颁布的，是中国现存最早的一部水利法典。《水部式》的内容十分广泛，主要包括农田水利管理、碾的设置及用水量的规定、水事纠纷的协调和奖惩，运河、船闸、桥梁的管理和维护等。其历史意义十分重大。《水部式》是一部关于水行政管理的专门法，其中有些原则一直沿用至今，而且也影响到国外。

唐宋以后的明律、大清律，也都有相当数量的水资源管理法规。值得一提的是，我国封建社会的法制在世界上自成体系，称为中华法系，具有显著的特点和独立性。在水法上，表现为强化官府权力，忽视保护民事权利，注重农业生产，强调水事活动不误农时，并且具有行政司法不分、民刑不分、注重刑罚等特点。

（二）中国近代水资源管理法律

中国近代的水法，以中华民国时期颁布的《河川法》和《水利法》为代表。近代中国，西方法学的传入使传统中华法系受到巨大的冲击。在中华民国建立后，民国政府意识到凡重视水利的国家都有水利法规，于是开始着手翻译各国水利法规，起草水利法。水利法从起草到颁布历时 14 年，其间陆续颁布实施的民法中有许多有关水事的内容。并在 1930 年颁布了《河川法》（相当于现行的《中华人民共和国河道管理条例》，以下简称《河道管理条例》），其主要内容有：河川主管机关和管理机构的设置、任务和权限；河川建筑物之审批；河川的使用和限制，包括许可制度；防洪抢险时地方政府就地征用物料和拆毁障碍物的权利；河川经费的筹集及土地之征用等项。1942 年，民国政府正式颁布《水利法》。它是以清代法典为基础，借鉴了西方水利法规，由中国水利专家和西方法学家共同参与制定的，在立法程序和法律形式上，受到西方法学的影响，内容比较完备，可概括为 5 个要点：确定了水利行政的系统，即管理体制；

确定了水利事业的界限，即水利的内涵和外延；确定了水系，即流域水资源管理；确定了水权；消除了水利纠纷。

但是由于当时政局动荡、战争频繁等因素制约，这些法律法规均未得到很好的贯彻施行。

（三）中国现代水资源管理法律法规

中华人民共和国成立以来，水法内容有了很大发展，国家在防洪、治涝、灌溉、供水、水运、水力发电、水土保持及规划、设计、施工、管理等方面，颁布了大量具有行政法规效力的规范性文件。中国现代水资源管理法律法规的目标是：通过立法，理顺水资源管理中流域管理与行政管理、水资源权属管理与开发利用的产业管理、统一管理与分级管理、水资源保护与水污染防治等关系，在继续完善水行政管理法规的同时，加快水利经济立法，建立起适应社会主义市场经济的、比较完备的水资源管理法规体系。

1961 年，中共中央批准了农业部、水利电力部《关于加强水利管理工作的十条意见》。1965 年，国务院批准了水电部制定的《水利工程水费征收使用和管理试行办法》。1982 年，国务院颁布了《水土保持工作条例》等。1985 年，水利电力部政策研究室编印的《水利电力法规汇编》中已编列水利方面的法规54 件。但这一时期的水资源管理法律仍然没有摆脱传统的工程水利思想束缚，重建设轻管理，在立法内容上主要围绕水资源开发、利用、治理展开，忽视了水资源的优化配置和节约、保护。

1984 年，全国人大常委会颁布的《中华人民共和国水污染防治法》（以下简称《水污染防治法》）是以法律形式出现的水事法律。1988 年，《中华人民共和国水法》（以下简称《水法》）的颁布实施，标志着中国水资源法律管理进入了新的阶段。水法是中国第一部水的根本大法，其内容涉及水资源综合开发利用和保护、用水管理、江河治理、防治水害等多个方面，明确了水资源的国家所有权，并规定了水资源管理的多项原则和基本制度，是调整各种水事关系的基本法。随后，我国又相继颁布了《中华人民共和国环境保护法》（以下简称《环境保护法》）、《中华人民共和国水土保持法》（以下简称《水土保持法》）和《中华人民共和国防洪法》（以下简称《防洪法》）等法律。此外，国务院和有关部门还颁布了相关配套法规和规章，各省、自治区、直辖市也出台了大量地方性法规、规章。这些法律法规和规章共同组成了一个比较科学和完整的水资源法律体系。

针对形势的变化和一些新问题的出现，中国对 1988 年《水法》进行了修订。2002 年 8 月 29 日，第九届全国人民代表大会常委会第二十九次会议表决通过了《中华人民共和国水法（修订案）》（以下简称新《水法》），并于 2002 年 10 月 1 日起施行（后于 2009、2016 年进行过两次修改）。新《水法》吸收了 10 多年来国内外水资源管理的新经验、新理念，对原《水法》在实施实践中存在的问题做了重大修改。新《水法》明确了新时期水资源的发展战略，即以水资源的可持续利用支撑社会经济的可持续发展；强化水资源统一管理，注重水资源的合理配置和有效保护，将节约用水放在突出的位置；对水事纠纷和违法行为的处罚有了明确条款，对规范水事活动具有重要作用。新《水法》的颁布实施标志着中国水资源法律管理正在向可持续发展方向转变。

四、中国水资源法律法规探讨

（一）中国水资源管理法律法规体系存在的主要问题

目前我国水资源管理法律法制建设取得了很大的成效，已初步形成了一个多层次的水资源管理法律法规体系。但我国在水资源方面的诸多问题的出现，不仅仅是由经济发展和社会生活方面的因素造成的，水资源管理法律法规体系的不健全也是其中的一个重要因素。

1.《水法》对水资源管理的规定缺乏可操作性

目前，中国水事法律法规中的原则性规定较多，可以保证法律法规的适应性和稳定性较强。但具体操作性条款的缺乏，会给法律法规的实施带来障碍，最终会影响法律的实效。由于《水法》中没有全面具体的水资源的管理制度，导致机构的设置、人员的配备、配套法规的建设、监督管理等方面长期处于对水资源管理工作不利的局面。

2. 法律法规之间关系不清，缺乏协调性

关于水资源管理的法律有《水法》《水污染防治法》《水土保持法》等，这些基本法律规定相互之间及与其他水资源管理的法律法规之间存在许多问题。

3. 水不仅有统一管理和各部门开发利用的问题，还有流域的整体性和地方分割的问题

在现有的立法体制下，各部门都将水作为自己的立法对象，如以水利部门为主的有《水法》《水土保持法》《防洪法》《河道管理条例》等。以环境部门为主的有《水污染防治法》，还有建设部门的《城市节约用水管理规定》，其他农业、渔业、航运、地质矿产等部门也有与水相关的法规。很多法律都对水

资源管理体制做出了规定，确立了水资源管理与保护的主管部门和协管部门，但是几部法律实际上是由几个主管部门分别起草然后报全国人大常委会通过的，立法时缺乏综合平衡。

（二）中国水资源管理法律法规体系的完善

针对我国水法规体系目前存在的问题，应从两个方面加以完善：一是整合现有法律、法规和规章，使之成为一个相互联系、相互补充的有机整体；二是加强立法工作，尽快填补现有法律法规中的空白。

1. 整合现有法律、法规和规章

整理、研究现有水法规体系中各法律、法规和规章的内容，对相互矛盾、相互冲突的应进行修订，对过时的或错误的规定应当修订或废止，对过于抽象的规定应进行细化，理顺现有水法规体系的内部关系。第一，应从系统整体出发，打破原来条块分割立法带来的问题，协调好各种开发利用法律之间的关系、协调好水资源开发利用法律与水资源保护法律之间的关系、协调好兴利法律与除害法律之间的关系。第二，水权制度是水事法律制度中最重要的一项，水权不明晰是导致我国用水效率低的重要原因之一，新《水法》对水权的规定远不能满足实际的需要，应加强对水权配置、转移的规定。第三，强化水资源规划的法律地位，进一步明确水资源规划的具体内容，提高规划的权威性，保证规划真正得到实施。第四，对不同管理部门的职责权限应在法律中予以更清晰、更明确的划分，要重视市场配置水资源的重要作用，促进政府行政管理职能与经济职能、服务职能的分离，理顺管理部门之间的利益关系。最后，修订相关法律法规的内容，使之符合可持续发展的需要。

2. 加强立法工作，填补空白

在整合现有法律法规的基础上，还应加强立法工作，填补现有法律法规的空白。

首先，应制定一部综合性的资源环境基本法。水资源与土地、森林、草原、矿产、物种、气候等其他自然资源共同构成了人类社会生存、发展的物质基础，这些自然资源之间有着天然的联系，在对人类社会发生作用时相互之间也存在影响和制约。目前我国对不同自然资源基本制定了单行法律法规，便于根据各自特点进行有针对性的调整和管理。但缺乏一部综合性的资源环境基本法，从整体上对包括水资源在内的所有资源环境问题进行原则性规定，协调资源环境工作中的各种关系。有学者曾提出通过修改现行的《环境保护法》，增加合理开发、利用和保护、治理自然资源的内容。不管采取何种形式，一部综合性的资源环境基本法是必要的，同时由于其涉及面广，所调整法律关系复杂，立法难度大，应充分做好研究准备工作。

其次，应加快新《水法》的配套立法。新《水法》作为我国水资源方面的基本法，需尽快进行配套的、更细化的立法，对新《水法》增删、修订的内容也需进行相关配套立法。具体包括：新《水法》明示授权制定的配套行政法规、规章或规范性文件，如河道采砂许可制度实施办法、管理水资源费的具体办法等；对新《水法》中规定的一些新制度，如区域管理与流域管理相结合的行政管理制度、饮用水水源保护区制度、用水总量控制和定额管理相结合的制度、划分水功能区制度、节约用水的各项管理制度等，需要制定相应的程序和具体操作办法才能使之落到实处。各级地方政府应根据新《水法》规定和实际需要，出台新的地方法规和规章。

最后，应针对我国水资源开发、利用、保护和管理中的突出问题，有针对性地填补立法空白。有的专家在认真调查研究的基础上，指出中国水事业发展的突出问题集中表现为六大矛盾：一是洪涝灾害日益频繁与江河防洪标准普遍偏低的矛盾；二是水资源短缺与需求增长较快的矛盾；三是水环境恶化与治理力度不够大的矛盾；四是水价偏低与水利建立良性运行机制的矛盾；五是水利建设滞后与水利投入不足的矛盾；六是水资源分割管理与合理利用的矛盾。有的专家就中国的七大流域实行水资源分流域管理和就特定江河（黄河、淮河）的治理提出了有远见卓识的法律建议。所有这些，都为尽快出台有关立法、有针对性地解决现存的紧迫问题提供了理论支撑、事实依据和制度设计基础。

第七章　我国水资源管理工作的难点与展望

第一节　我国水资源管理工作的难点及解决策略

一、流域管理

（一）含义

我国以流域为单元进行水资源统一管理具有悠久的历史，并取得了丰富的经验。以流域为单元进行水资源统一管理被许多国家认为是成功的管理模式，是国际公认的进行水资源综合管理的基础。针对当前的实际情况，关键是树立流域管理机构在流域水资源管理中的权威性。

流域管理是以流域为单元对水资源和水域的开发、治理、保护进行全面规划、科学管理的一套系统的体制。体制包括流域管理制度和相应的机构体系，流域管理制度包括法律制度、行政管理制度、流域开发政策等，相应的机构体系包括流域协调管理机构和流域内各级水行政主管部门。同时，每个流域都形成一套不断完善的流域治理的科技对策和激励机制。

（二）必要性

流域管理是水资源客观规律和治水规律的需要。水是一种流动的多功能的动态资源，它按流域分布，不依行政区划而改变。水总是从上游流向下游，从支流流向干流，最终流出流域出口断面。流域内地表水与地下水可以相互转化。因此，流域水资源是不依行政区划而改变其自然属性的一个系统、一个整体。

从七大江河流域管理机构的设立可以看出：其一，我国历来重视流域管理，并由国家最高行政机关或主管部门直属领导，强调了流域管理机构的重要性和权威性；其二，我国流域机构原来的设立，主要职责多是河道整治、防御洪灾和维护航运，并适时提供和维持农田灌溉用水；同时，应从现实情况看到，进入20世纪70年代末、80年代初以后，防治江河污染和优化配置管理流域水资源成为流域管理的重要任务。因此，我国七大江河流域管理机构作为水利部派出的机构，被授权对所在的流域行使水行政主管部门的部分职责，不仅具有历史渊源、历史认同感，而且是现代自然、社会涉水事务管理的客观规律性所必需的。在现代水资源管理中，以流域为单元进行管理所发挥的作用越来越重要，如黄河水量统一调度对克服黄河断流发挥了重要作用。

（三）现行流域管理机构水资源管理权威性不强

从水事法律可以看出，虽然1988年颁布的《水法》尚没有完全明确流域管理机构的法律地位，但在《水法》颁布之后颁布的其他相关法律法规则已逐渐将水的单一行政区域管理模式转向由流域管理与区域管理相结合的模式，经第九届全国人民代表大会常务委员会第二十九次会议审议修订的《水法》，已将这一管理模式确认下来，这反映了我国对水资源流域特性的认识，以及我国水资源管理实践对确认这一管理模式比较适合我国国情，能提高管理效力的认识。

1. 现行流域管理体制上存在的障碍

目前，国内外行政区划都不以流域为基础，多以河、山为界，而行政管理则以行政区划为基础。随着我国改革开放政策的贯彻实施，我国逐渐加大了对区域分权的行政管理体制的改革力度，如财政管理体制由统一管理到包干制到分税制、区域人大和政府包括立法权在内的权力增大等，使各行政区域的权力得到增强。

要想克服现行流域管理水资源在体制上存在的障碍，就应认识到流域管理与行政区域管理的关系，它们只是我国水资源管理内容中的两个不同层面，彼此各有侧重，互有分工，相互补充，其目的都是在国家水行政主管部门的统一领导下，充分发挥流域管理水资源的统一、协调、综合功能，实现对水资源的最优开发利用。

2. 流域管理没能建立起民主协商、协调运作机制

建立由现有流域机构、有关行政区域政府、部门和利益相关者组成的流域管理委员会，对涉水事务的管理通过民主协商决策的方式进行，加大决策的共

同参与力度，使流域整体利益和区域利益在决策中得到充分发挥和协调，以增强区域执行流域管理决策的自律性，并建立相应的会议制度和水资源信息公告制度，加大信息披露力度，保证决策的科学性。现有流域管理机构是流域管理委员会的执行机构。

水资源为人类生存、生活、生产所必需，成为关系到经济社会发展的重要自然资源，因而与水相关的事务涉及地区、行业的直接和间接利益，在一个国家存在多个与水有关的管理部门是很正常的，职能交叉难以避免。我国水资源管理涉及水利、城建、环保、地矿、交通、国土资源等多部门管理。目前我国水资源的管理仍然严重存在部门分割、城乡脱离的"多龙管水"的状况。处理这些问题关键是摆正位置，建立水资源管理决策的民主协商机制，通过决策层的充分协调，建立符合水资源自然循环规律和经济社会管理规则的水资源管理政策、法律、法规，协调部门间的管理职能，建立起适应社会主义市场经济体制要求的水资源管理体制。

二、正确处理水资源权属管理与开发利用管理的关系

（一）实行水资源权属管理与开发利用管理分开的原则依据

我国实行水资源权属管理与开发利用管理分开的原则，在《水法》和水利部、建设部、地矿部等涉水部委的"三定方案"中都有明确的规定。1998年国务院机构改革办公室，在一份指导性文件中，对加强资源管理做了阐述：我国人口众多，资源相对不足，加上环境污染，生态失衡，已成为制约经济和社会发展规律的重要因素。长期以来，由于缺乏对资源的有效管理，一方面，对有些可利用的自然资源没有很好地利用；另一方面，相当一部分资源开采强度大，超过它的承载能力，导致资源衰竭。

（二）加强水资源权属管理

水资源权属管理是国家对水资源的行政管理，它应超脱于产业管理。它是以水资源属于国家所有为依据，水行政主管部门作为国有水资源的产权代表，运用法律、行政、经济等手段，对水资源行使调配、处分之权。制定水资源开发利用和防治水害的规划、制订水中长期供求计划和水量分配方案，实施取水许可制度和征收水资源费制度等，均属于水资源权属管理的内容。

（三）应积极履行水资源保护的职责

水资源保护是指为了防治水污染和合理利用水资源，采取行政、法律、经济、技术等综合措施，对水资源进行的积极保护与科学管理。当前，在水资源管理中，重水量、轻水质的倾向比较严重，在思想上没有把水质管理作为水资源管理的重要内容，没有树立水量水质一体化管理的意识；而在管理组织上，水资源管理队伍中从事专职水资源保护的行政、技术人员不足，尤其在广大市、县级水资源管理机构中，从事水资源保护的人才极度匮乏；现有法律法规已规定的水行政主管部门在水资源保护管理方面的职责履行得也不是很到位，如在实施取水许可制度时，对退水的监测审查力度远不如取水。

第二节　我国水资源管理工作的展望

一、完善水资源管理体制

随着我国经济的持续增长和人口的不断增加，水资源问题越来越突出，因而水资源管理工作显得越来越重要。

（一）水资源管理体制变革的时代要求

水资源管理是在水资源及水环境的开发、治理、保护、利用的过程中，所进行的统筹规划、政策指导、组织实施、协调控制、监督检查等一系列规范性活动的总称。水资源管理的根本目的在于实现水资源的永续利用，以及满足当代人和后代人对水的需求，更重要的是要使资源、环境、经济和社会协调持续发展。这是与以前水资源管理的根本区别，过去的水资源管理是经济发展模式的产物，在相当长的时期内，管理以单纯追求经济效益为目标，在指导思想、理论基础、原则和方法等方面都存在相当大的差距，因此，必须在现行的水资源管理的基础上，进行大力的改革和创立新的管理体制和制度，以适应新时期水资源管理的需要。

（二）进一步完善水资源管理体制

改革和完善水资源管理体制，建立合理的水价形成机制是关系到水资源可持续利用战略的实施和经济社会可持续发展的关键问题。我国现行的水资源管理体制最突出的问题是"多龙"管水,这种体制的不利影响表现在流域管理上条块分割和区域管理上城乡分割两个方面。

作为同一属性的水资源,在同一区域内,按照不同的功能和用途,被水利、公用、市政、环保、规划、地矿、水运等多个部门分别管理。

分割管理给水资源的开发、利用、保护、配置等方面带来许多负面效应。首先,分割管理不利于水资源的可持续利用。由于分割管理难以顾及水资源相关联的各个方面,违背了水的自然属性及规律,从而造成了水资源利用的供需脱节、开发利用与保护脱节、水资源浪费与紧缺现象并存。其次,分割管理降低了管理效能。分割管理的体制要求各级政府必须层层设置众多上下对口的职能部门。最后,分割管理不能形成合理的投资机制。由于区域和流域条块分割,各地区、各部门多从各自管理角度争项目、各自筹资,普遍存在急功近利的短视行为,使有限的资金被分散,降低了投资的社会、经济和环境效益。投资不能按照轻重缓急统筹计划,要优先解决水资源管理中的"瓶颈"问题,以及水环境综合治理等问题。由于部门利益的影响,本该取之于水、用之于水的一些收费被挤占挪用,加大了水资源建设的经费缺口。

(三) 培养高素质的水利队伍

为适应现代化水利建设的需要,满足水利事业发展的需要,应该把人才的规划、培养、使用与管理摆在重要的位置,要把开发人才资源作为振兴水利事业的重要措施来落实,努力培养一支高素质的水利队伍。

二、深化水价改革,建立节水型社会

当今世界面临着人口、资源、环境三大难题,其中淡水资源是关键中的关键。水已经成为全世界最紧缺的自然资源,同样在我国,水资源短缺已经成为制约我国社会经济发展的突出问题。

在我国,一方面水资源短缺是摆在人们面前的事实,然而另一方面是水资源的严重浪费。长期以来,我国没有建立符合社会主义市场经济体制要求的水价形成机制和管理体制是造成这一现象的主要原因之一。因此,必须提高认识,研究水价改革工作,这对新形势下实现水资源的持续利用和社会经济的可持续发展具有极其重要的意义。

（一）水价改革的重要性和紧迫性

深化水价改革是促进建立节水型社会、实施可持续发展战略的需要。加强节约用水，建立节水型社会是我国经济和社会发展的必由之路。能否实现全社会的节约用水、水资源优化配置，水价改革起着至关重要的作用。只有通过水价改革才能形成合理的水价机制，使水价真正反映水资源的稀缺程度，反映水资源的供求关系，才能正确地引导人们自觉调整用水的数量，调整产业结构，促进节水产业的发展，把有限的水资源配置到更需要的地方和效率更高的环节，从而实现水资源的永续利用，实现经济社会的可持续发展。

（二）深化水价改革应采取的措施

为进一步推进水价改革，首先要加强对水价形成机制和管理体制的研究。目前，我国水价定价的模式基本上是政府定价。在市场经济的条件下，价格是调节市场供求关系和资源配置的重要手段。在水价政策上，既要发挥政府宏观调控的作用，又要改变水价权过于集中的状况，下放水价审批权。根据水利工程的实际，按单个工程定价，放宽小型水利工程的水价。其次要确定合理的用水定额，强化定额管理，积极推进两部制水价。为促进节约用水，可对超额用水实行累进加价的办法，逐步推行基本水价和计量水价相结合的两部制水价。对供水水源受季节影响较大的水利工程，推行丰枯水价或季节浮动价格。加大城市污水处理费的征收力度，将污水处理费提高到保本微利水平，引入市场机制，推动供水、污水处理企业改革，建立符合社会主义市场经济体制要求的经营体制。再次要主动争取综合经济管理部门的支持，使他们了解水利、熟悉水利、支持水利，积极创造有利于水价改革的政策环境。最后要建立水价改革工作网络，加强系统内水价改革的工作指导与联系，这样既有利于增进了解，相互促进，又有利于加强政策指导，确保国家对水价改革指示精神的传达贯彻，确保水价改革的落实。

（三）保护水环境、防治水污染

水是生命的源泉，是人类和其他一切生物生存、发展必不可少和不可替代的基本环境要素之一，同时它又是一种重要的自然资源，是农业生产和许多工业生产的命脉。但是，由于人类活动的加剧及水污染的产生和发展，水资源的供求矛盾越来越尖锐，严重影响着人们的生命健康和国民经济的正常发展。因此，如何采取对策和措施防治水污染，保护水环境，是各级人民政府的一项重要职责。"九五"期间，国家重点开展了"三江三湖"的水污染治理，使淮河、太湖等流域水污染加剧的趋势得到了基本控制，并在一定程度上有所改善。《水法》《环境保护法》《水污染防治法》等法规是防治水污染、保护和改善水环境，促进我国经济社会可持续发展重要的法律依据和保障。

三、完善水环境治理措施

（一）加强企业点源污染治理

对于工业点源污染，必须加强管理，达标排放，决不容许将企业治污的责任转嫁给社会。应从如下四个方面加强：

1. 逐步建立企业的排污许可制度和排污权交易制度

企业排污的污染物总量必须在排污许可的范围内，剩余或者不足的排污权可以进行交易，排污权交易收入要用于企业治理污染。

2. 实行防污全过程管理

通过适当的产业政策，鼓励企业清洁生产，将污染控制在生产的全过程，减少污水的排放。

3. 调动治污积极性

要采取奖励和惩罚相结合的措施，充分调动企业治污的积极性和责任感。一方面，政府要加大对违法超标排放企业的处罚力度；另一方面，政府要利用收取的排污费、排污权交易费等设立特别基金，用于扶持企业污水处理设施的建设，减轻企业治污的经济压力。

4. 严格执行排污许可制度

在企业排污许可的范围内，对于排到自然水体中的污水，一定要达到国家允许排放的标准，不允许对环境造成损害；对于排到公共污水管网中的污水，通过污水处理厂集中处理，企业承担相应的处理费用。

（二）对于生活污水的防治，要采取综合对策

1. 发挥水价的积极作用

对于生活用水和排污，要建立定额管理、累进加价的水价制度，通过经济杠杆调整，提高公众的节水意识，加强节约用水，减少排污。

2. 制定合理的排污标准

要制定合理的污水排放费征收标准，为污水处理产业创造条件。

3. 发展生活污水处理产业

对于污水处理产业，政府要给予政策倾斜和财政扶持。污水处理企业必须要走市场化、产业化的道路，通过竞争，降低污水处理的成本。

（三）加强面源污染治理

对于农村面源污染，要加强宏观调控，要将面源污染的控制与农业灌溉方式的改变及农业产业结构调整、绿色农业、生态农业、有机农业的建立等结合起来，提高科技水平，提高农民的环保意识，通过合理使用化肥、农药及充分利用农村各种废弃物和养殖业的废水，将面源污染控制在最低限度。

（四）提高水环境承载能力

对于江河湖库等水域，要加强管理，科学调度，提高水体的水环境承载能力。要科学合理地进行河湖疏浚，减轻面源污染。同时要加强水库、闸坝的科学调度，保持水体的适当流动，增加水体的自净能力。

今后，除了应根据形势和条件继续制定一些有利于水污染防治的经济、技术政策和措施外，更重要的是要切实贯彻执行已有的防治污染的经济、技术政策和措施及法律、法规和规章。

四、加强水利信息化建设

（一）我国水利信息化建设的总体情况

建立和完善了实时水雨情信息基本站网络传输体制，初步实现了应用计算机进行信息的接收、处理、监视和洪水预报，在历年的防汛抗旱工作中发挥了一定的作用。

开始部分实现了远程文件传输、公文管理，办公自动化的水平逐步提高。

1995 年开始建设的全国水情计算机广域网，已连接七大流域机构、全国重点防洪省和部分地市，在近年来防汛抗旱工作中发挥了突出的作用。2000 年已实现全国水雨情信息全部网络化，极大地提高了防汛信息的实效性。

（二）我国水利信息化建设的总体思路

水利信息化发展的总体思路是开发和利用各种水利信息资源，建设和完善水利信息化网络，推进电子信息技术的应用，加快办公自动化的进程，培养信息化人才，制定和完善水利信息化的政策和技术标准，构建并不断完善水利信息化体系。这主要包括以下几个方面：

①水利信息化应为国民经济和社会发展提供全方位的水利信息服务。

②以需求为导向，长远目标与近期目标相结合，统筹规划，分期实施，急用的先建，逐步推进。

③全民规划、统一标准、共同建设、充分发挥中央和地方两个积极性。

④坚持先进实用、高效可靠的原则，保证系统工程的先进性、开放性、兼容性。

⑤以正在实施建设的国家防汛指挥系统工程为龙头，建设全国水利信息网。

⑥坚持公网专用的原则，充分利用国家信息公共设施和相关行业的信息资源，不断完善水利信息网，实现优势互补、资源共享。

⑦加大软件和应用系统工程的投入和开发，注意开发与引进相结合。

⑧严格执行国家保密条例，加强信息系统安全建设。

⑨提高信息化工作的管理水平，重视信息技术和管理人才的培养，积极探索信息系统的管理机制和运营机制。

（三）我国水利信息化建设的主要任务

我国水利信息化建设的任务可分为以下几个层次。

1. 国家水利基础信息系统的建设

国家水利基础信息系统包括国家防汛指挥系统、国家水质监测评价信息系统、全国水土保持监测与管理信息系统、国家水资源管理决策支持系统等。这些基础信息系统的建设包括分布在全国的相关信息采集、信息传输、信息处理和决策支持等分系统的建设。其中，已经开始部分实施的国家防汛指挥系统，除了近1/3的投资用于防汛抗旱基础信息的采集外，作为水利信息化的龙头，还将投入大量的资金建设覆盖全国的水利通信和计算机网络系统，为各基础信息系统的资料传输提供具有一定带宽的信息"高速公路"。

2. 基础库建设

数据库的建设是信息化的基础工作，水利基础数据库是国家重要的基础公共信息资源的一部分。水利基础数据库主要包括国家防汛指挥系统综合数据库、国家水文数据库、全国水资源数据库、水质数据库、水土保持数据库、水工程数据库、水利经济数据库、水利科技信息库、法规数据库、水利文献专题数据库和水利人才数据库等。

3. 综合管理信息系统建设

水利综合管理信息系统主要包括：水利工程建设与管理信息系统，水利政务信息系统，办公自动化系统，政府上网工程和水利信息公众服务系统，水利规划设计信息管理系统，水利经济信息服务系统，水利人才管理信息系统，文献信息查询系统。

上述数据库及应用系统的建设，可在很大程度上提高水利部门的业务和管理水平。

4. 其他方面

信息化的建设任务除了上述内容外，还要重视以下三个方面的工作：

第一，切实做好水利信息化发展规划和近期计划，规划既要满足水利整体发展规划的要求，又要充分考虑信息化工作的发展需要，既要考虑长远规划，又要照顾近期计划。

第二，重视人才培养，建立水利信息化教育培训体系，培养和造就一批水利信息化技术和管理人才。

第三，建立健全信息化管理体制，完善信息化有关法规、技术标准规范和安全体系框架。

参 考 文 献

［1］ 郑祥，魏源送，王志伟，等. 中国水处理行业可持续发展战略研究报告
［M］. 北京：中国人民大学出版社，2016.

［2］ 金光炎. 水文水资源应用统计计算［M］. 南京：东南大学出版社，2011.

［3］ 侯景伟，孙九林. 水资源空间优化配置［M］. 银川：宁夏人民出版社，
2016.

［4］ 席玮. 中国区域资源、环境、经济的人口承载力分析与应用［M］. 北
京：中国人民大学出版社，2011.

［5］ 陶蕾. 论生态制度文明建设的路径［M］. 南京：南京大学出版社，2014.

［6］ 蔡守秋. 中国环境资源法学的基本理论［M］. 北京：中国人民大学出版
社，2019.

［7］ 彭文英，单吉堃，符素华，等. 资源环境保护与可持续发展：首都生态
文明建设考察［M］. 北京：中国人民大学出版社，2015.

［8］ 李金红. 现代水资源管理新思想及和谐理念应用分析［J］. 绿色环保建
材，2021（8）：175-176.

［9］ 崔金山. 水利工程运行管理与水资源的可持续利用分析［J］. 绿色环保
建材，2021（8）：181-182.

［10］ 任坤. 谈水利工程运行管理与水资源持续利用［J］. 山东水利，2021
（8）：33-34.

［11］ 陆继鑫，栗铭，朱笑然，等. 水库大坝防洪能力复核探析［J］. 水利技
术监督，2021（8）：112-115.

［12］ 杨宁霞，黄涛珍. 欧盟公众参与流域管理原则对中国的启示［J］. 生态
经济，2021，37（8）：188-192.

［13］ 邓铭江. 旱区水资源集约利用内涵探析［J］. 中国水利，2021（14）：8-11.

［14］ 何明燕，廖伟伶，汪雨博. 环境监测在生态环境保护中的多重意义及发
展趋势探讨［J］. 重庆建筑，2021，20（8）：30-32.

［15］ 任婧. 环境影响评价中的地表水现状监测分析［J］. 工程建设与设计，2021（14）：94-96.

［16］ 唐家凯. 沿黄河九省区水资源承载力评价与障碍因素研究［D］. 兰州：兰州大学，2021.

［17］ 孟程程. 中国省级水资源系统韧性与效率的发展协调关系评价［D］. 大连：辽宁师范大学，2021.

［18］ 温丛. 俄罗斯水资源管理法律制度研究［D］. 哈尔滨：黑龙江大学，2021.

［19］ 纪静怡. 纳入非常规水源利用的区域水资源配置研究［D］. 扬州：扬州大学，2021.